Wissenschaftskommunikation im Vergleich:
Fallstudien zum Sprachenpaar Deutsch-Italienisch

Arbeiten zur Sprachanalyse

Herausgegeben von
Konrad Ehlich

Band 57

PETER LANG
Frankfurt am Main · Berlin · Bern · Bruxelles · New York · Oxford · Wien

Dorothee Heller

Wissenschaftskommunikation im Vergleich: Fallstudien zum Sprachenpaar Deutsch-Italienisch

PETER LANG
Internationaler Verlag der Wissenschaften

Bibliografische Information der Deutschen Nationalbibliothek
Die Deutsche Nationalbibliothek verzeichnet diese Publikation in der Deutschen Nationalbibliografie; detaillierte bibliografische Daten sind im Internet über http://dnb.d-nb.de abrufbar.

Gedruckt mit Unterstützung
des Dipartimento di Lingue, Letterature e Culture
comparate der Universität Bergamo.

Gedruckt auf alterungsbeständigem,
säurefreiem Papier.

ISSN 0932-8912
ISBN 978-3-631-62471-5

Inhalt

Vorwort

Der vorliegende Band basiert auf Beobachtungen zur Wissenschaftskommunikation, die aus verschiedenen an der Universität Bergamo durchgeführten Forschungsprojekten zum Sprachgebrauch in fachlichen und wissenschaftlichen Kommunikationszusammenhängen hervorgegangen sind. Den Anfang bildete das Projekt *Il tedesco scientifico quale oggetto di studio e lingua veicolare nella ricerca e nella formazione accademica*, das als Teil des Projektes *Lingue di Cultura in pericolo?* vom italienischen Wissenschaftsministerium gefördert wurde.[1]

Ein Interessenschwerpunkt dieses Projekts betraf Aspekte der diskursiven Darstellung wissenschaftlichen Handelns im Deutschen und Italienischen. Die Ergebnisse wurden in verschiedenen Sammelbänden veröffentlicht (s. Literaturverzeichnis). Auszüge aus einigen dieser Beiträge (2008c, 2009a, 2009b, 2010a) wurden in diesem Band zusammengeführt, umstrukturiert und durch weitere Analysen sowie durch Beobachtungen zur Herausbildung der beiden Wissenschaftssprachen ergänzt. Den Verlagen sei für die jeweiligen Abdruckgenehmigungen gedankt. Stefanie Vogler und Tiziana Roncoroni danke ich für ihre Hilfe bei der Durchsicht und Formatierung des Manuskripts.

Mein besonderer Dank gilt dem Reihenherausgeber, Prof. Dr. Dr. Konrad Ehlich, dessen Arbeiten zum Verhältnis von Wissenschaft, Sprachlichkeit und Kommunikation – insbesondere seine Beobachtungen zur *alltäglichen Wissenschaftssprache* und zur Deixis in wissenschaftlichen Texten – meine Beschäftigung mit diesen Themen in Hinblick auf das Sprachenpaar Deutsch-Italienisch angeregt und begleitet haben. Dem Austausch mit ihm und den Kolleginnen und Kollegen, Mitarbeiterinnen und Mitarbeiter, mit denen ich im Rahmen der jeweiligen Forschungsprojekte zusammengearbeitet habe und weiterhin zusammenarbeite, verdanke ich wichtige Einsichten, die in die hier zusammengeführten Untersuchungen eingeflossen sind.

1 Das Projekt wurde als sog. PRIN-Projekt (***P**rogetto di **R**ilevante **I**nteresse **N**azionale*) in den Jahren 2006-2007 in Zusammenarbeit der Universitäten Modena, Bergamo und Florenz durchgeführt. Projektleitung auf nationaler Ebene: Antonie Hornung, Modena (http://www.ricercaitaliana.it/prin/unita_op-2005109290_004.htm; 14.7.2012), s. zuletzt Hornung 2011.

1 Einleitung

1.1 Forschungszusammenhang

Die Förderung der Mehrsprachigkeit ist ein Anliegen der Europäischen Union. Nach den Grundlinien, die in der ersten Mitteilung der für diese Thematik ins Amt gesetzten Kommission dargelegt werden, will die EU "alle Bürgerinnen und Bürger ermutigen, mehr Sprachen zu lernen und zu sprechen"[2]. Diesem Leitgedanken wird von den (Bildungs-)Institutionen in vielen Fällen nicht mit entsprechender Konsequenz Rechnung getragen (vgl. die Beiträge in Redder/Ehlich 2008). Die Förderung der Mehrsprachigkeit weicht einer Politik der Selektion und Reduktion, die einem vereinfachenden Verständnis von Internationalisierung geschuldet ist (s. Hornung 2011a). Entwicklungen, die mit diesem Paradoxon einhergehen, sind von Calaresu (2011) mit Blick auf internationale und regionale Szenarien beispielhaft aufgezeigt worden.

Die Wissenschaftskommunikation ist von dem Trend zur sprachlichen Vereinheitlichung in besonderer Weise betroffen. Bereits Mitte der achtziger Jahre fasst Harald Weinrich – unter Berücksichtigung fachgebundener Entwicklungen – die fortschreitende sprachliche Vereinheitlichung damit zusammen, dass die englische Sprache in "nicht wenigen Wissenschaften (...) heute als *die* Wissenschaftssprache schlechthin gelten [kann] und (...) also eine ähnliche Stellung [hat] wie das Wissenschaftslatein im Mittelalter" (Weinrich 1985: 215). Angesichts der sprachlichen Gebundenheit wissenschaftlicher Erkenntnisgewinnung, der unterschiedlichen Wissenschaftskulturen und disziplinenspezifischen Traditionen bekommt der sukzessive Rückgang der deutschen Wissenschaftssprache besonderes Gewicht (vgl. z.B. Ehlich 2006, Mocikat 2008).

Welche Perspektiven dem Deutschen, das Anfang des 20. Jahrhunderts noch zu den vorherrschenden Wissenschaftssprachen der Welt gehörte, im internationalen wissenschaftlichen Austausch verbleiben, ist in den letzten beiden Jahrzehnten wiederholt diskutiert worden.[3] Auch in den Medien wird den Stellungnahmen aus den fachlichen Diskursgemeinschaften zu dieser Frage Raum gege-

---

2 S. http://ec.europa.eu/languages/eu-language-policy/multilingualism_de.htm; 14.7.2012.

3 Vgl. etwa die Beiträge zur Debatte von Adamzik 2001, Ammon 1998, Ehlich z.B. 2006, Skudlik 1990 sowie die Sammelbände von Debus et al. 2000, Gardt/Hüppauf 2004, Kalverkämper/Weinrich 1986. Für einen Überblick mit Bezug zur Situation des Deutschen und des Italienischen in der klassischen Archäologie s. Hempel 2012.

ben.[4] Für die Forschung zur Wissenschaftskommunikation hat die Auseinandersetzung mit der Problematik einer internationalen Vereinheitlichung auch einige positive Auswirkungen mit sich gebracht. Hervorzuheben ist in diesem Zusammenhang die Förderinitiative der Volkswagenstiftung *Deutsch plus – Wissenschaft ist mehrsprachig*, die sich zum Ziel setzt, "im Kontext wissenschaftlicher Mehrsprachigkeit dem Deutschen als Wissenschaftssprache und den in deutscher Sprache erarbeiteten wissenschaftlichen Erkenntnissen international angemessenen Raum und mehr Gewicht zu geben".[5]

Die zunehmend differenzierte Forschungsentwicklung im deutschsprachigen Raum kann hier nicht nachgezeichnet werden. Auf die jeweiligen Beiträge, die für die hier behandelten Fragen der Nutzung sprachlicher Ressourcen herangezogen wurden, wird an entsprechender Stelle verwiesen. Vorweggenommen sei, dass ein erheblicher Teil der Studien, die in den letzten zwei Jahrzehnten zu wissenschaftlichen Text- und Diskursarten sowie zu dem für wissenschaftsspezifische Zwecke in Anspruch genommenen Ausdrucksinventar des Deutschen entstanden sind, dem Handlungsaspekt der Sprache Rechnung trägt und an die Kategorien der Funktionalen Pragmatik anknüpft. Dieser sprachtheoretische Ansatz wurde aufbauend auf dem Feldbegriff von Karl Bühler (1934) durch Konrad Ehlich und Jochen Rehbein begründet (für einen Überblick s. die dreibändige Ausgabe von Ehlich 2007 sowie die Handbuchartikel von Rehbein 2001 und Redder 2008). Relevant für Analysen zum wissenschaftlichen Schreiben sind das Symbolfeld, das Zeigfeld und das Arbeitsfeld bzw. operative Feld (vgl. Ehlich 1993a sowie die Übersicht in Redder 2010, 16). Mit der Weiterentwicklung der Unterscheidung sprachlichen Felder (als einzelsprachenunabhängige Kategorien), denen Ausdrucksmittel zugeordnet werden, die dem Vollzug von Prozeduren (als kleinste Einheiten sprachlichen Handelns) dienen, stellt die Funktionale Pragmatik ein Analyseinstrumentarium bereit, dessen Eignung sich auch für komparative Untersuchungen erwiesen hat.[6]

---

4 Vgl. beispielsweise http://www.zeit.de/wissen/2010-04/deutsch-forschungssprache; http://sciencev1.orf.at/science/news/19305; http://wissen.dradio.de/linguistik-deutsch-als-wissenschaftssprache.88.de.html?dram:article_id=12528; 14.7.2012.

5 http://www.volkswagenstiftung.de/foerderung/herausforderungen/deutsch-plus-wissenschaft-ist-mehrsprachig.html; 14.7.2012.

6 Vgl. die jeweiligen Einträge in den Schriftenverzeichnissen von Ehlich: www.ehlich-berlin.de/Schriften/KE_SV.htm, Graefen: www.daf.uni-muenchen.de/ personen/wiss_-ma/graefen/publikationen_graef/index.html, Redder: www.slm.uni-hamburg.de/ifg1/Personal/Redder/home.htm, Thielmann: http://www.tu-chemnitz.de/ phil/ifgk/ germanistik/daf/Thielmann/zur%20Person/publikationsverzeichnis_06_04_2011.pdf sowie die

In Italien wird der Frage der Sprachenwahl in den Wissenschaften keine vergleichbare Aufmerksamkeit zuteil (vgl. Tonelli 2002, Carli 2006). Kritische Kommentare zum Vordringen des Englischen als Vortrags-, Publikations- und akademischer Unterrichtssprache werden zwar vorgebracht (z.B. Bolelli 1990, Carli/Calaresu 2003, Sabatini 2007), überwiegend scheint diese Entwicklung jedoch – sowohl in den fachlichen Diskursgemeinschaften als auch in der breiteren Öffentlichkeit – weniger Besorgnis auszulösen, als dies im deutschsprachigen Raum zu beobachten ist. Wie Carli (2006: 106) konstatiert, kommt es zu einer: "ricognizione della reale perdita di dominio" erst um die Wende zum neuen Jahrtausend.

Auch was Untersuchungen zum Strukturausbau und Ausdrucksinventar der eigenen Wissenschaftssprache betrifft, zeigt die Forschungslage in Italien ein Ungleichgewicht gegenüber den deutschsprachigen Ländern (s. Tonelli 2002).[7] Bis Ende der achtziger Jahre gilt das Interesse primär der Sprachgeschichte, insbesondere der sprachlichen Entwicklung im 17. und 18. Jahrhundert. Im Vordergrund stehen Fragen der Lexik, der Wortbildung und der Syntax (s. bes. die Arbeiten von Altieri Biagi 1990 und 1998, Giovanardi 1987). Das Interessenspektrum erweitert sich nur langsam. Aspekte des Fachwortschatzes bilden auch in den neunziger Jahren noch einen Schwerpunkt (s. Dardano 1994, vgl. ebenfalls die Beiträge in De Mauro 1994); in soziolinguistischer Perspektive richtet sich der Blick auf das Verhältnis von Alltags- und Wissenschaftssprache sowie auf den Status italienischer Fach- und Wissenschaftssprachen im Varietätensystem (Sobrero 1993, Cortelazzo 1994).

Seit Ende der neunziger Jahre wächst das Interesse für kommunikative Praxen an der Universität – nicht zuletzt infolge der Hochschulreform sowie durch die Zunahme der studentischen Mobilität. Verwiesen sei in diesem Zusammenhang auf das Projekt *Le forme della comunicazione accademica – Ricerche linguistiche sulla didattica universitaria in ambito umanistico*, das in der Vorbereitungsphase der Universitätsreform in Zusammenarbeit der Universitäten Perugia und Siena entstand (Ciliberti/Anderson 1999). Nach der – durch den sog. Bologna-Prozess eingeführten – Trennung von Sprach- und Literaturwissen-

---

von Graefen zusammengestellte Übersicht der Literatur zur Wissenschaftssprache und ihrer Didaktik: http://www.wissenschaftssprache.de/Wissenschaftssprache_Literatur.html. (letzter Abruf jeweils: 14.7.2012). Zum Sprachenpaar Deutsch-Italienisch vgl. ebenfalls die Beiträge in Heller 2010b, Hornung 2011b (mit weiterführender Literatur).

7 Verwiesen sei in diesem Zusammenhang auf Studien deutschsprachiger Romanisten (s. etwa Schwarze 2007 und die Beiträge in Dahmen *et al.* 2011).

schaft und der damit verbundenen Aufwertung der Linguistik in den Fremdsprachenphilologien an italienischen Hochschulen wurden verschiedene Forschungsinitiativen zur Wissenschaftskommunikation lanciert. Die anglistische Sprachwissenschaft ist in diesem Bereich besonders aktiv.[8] Untersuchungen zum Sprachenpaar Deutsch-Italienisch wurden vor allem im Rahmen von drei Forschungsprojekten durchgeführt, die in enger zeitlicher Aufeinanderfolge, unabhängig voneinander entstanden sind:

- *La comunicazione scientifica in Italia e in Germania: lingua, testo, discorso*, Programma Vigoni Italia-Germania (http://www.ateneoitalotedesco.org/; 14.7.2012) 2004-5 (s. Calaresu/Guardiano/Hölker 2006),
- *Lingue di cultura in pericolo? Il caso del tedesco e dell'italiano nelle istituzioni di formazione accademica e nei gruppi biculturali e bilingui*, PRIN – Programmi di ricerca di Rilevante Interesse Nazionale (http://prin.miur.it/; 14.7.2012), anno 2005 (s. zuletzt Hornung 2011b),
- *Generi testuali tipici della formazione accademica di area germanistica in prospettiva contrastiva tedesco-francese-italiano*, Villa Vigoni: Trilaterale Forschungskonferenzen (http://www.villavigoni.it/index.php?id=342&L=0; 14.7.2012), 2007-8 (s. Dalmas/Foschi/Neuland 2009).

Bei allen drei Projekten stand das wissenschaftliche Schreiben im Vordergrund.[9] Aspekte der gesprochen Wissenschaftssprache werden derzeit im Rahmen des von der Volkswagenstiftung geförderten Projekts *euroWiss – Linguistische Profilierung einer europäischen Wissenschaftsbildung* untersucht, bei dem Vergleiche der Vermittlungsformate in der Hochschuldidaktik in Deutschland und Italien den Schwerpunkt bilden.[10]

Die sprachvergleichende Erarbeitung rekurrenter Merkmale wissenschaftlicher Kommunikation steht bis heute weitgehend in den Anfängen. Um diesem Desiderat der Wissenschaftslinguistik in Hinblick auf eine *Europäische Wissenschaftssprachkomparatistik* (Ehlich 2002, 2006) Rechnung zu tragen, bedarf es

8 Vgl. die Publikationsübersichten des Forschungszentrums *CERLIS* der Universität Bergamo (http://dinamico.unibg.it/cerlis/; 14.7.2012) und der Forschungsinitiative *Clavier*, Universität Modena (www.clavier.unimore.it; 14.7.2012).

9 Zu Einzelaspekten der Diskursarten Vortrag und Referat s. Carobbio 2008, 2011, Moroni 2010, 2011. Vgl. in diesem Zusammenhang ebenfalls die Auswahlbibliographie zum akademischen Schreiben für italienische Studierende von Moroni *et al.* 2011.

10 Das Projekt wird in Zusammenarbeit der Universitäten Hamburg (Gesamtprojektleitung: Prof. Dr. Angelika Redder), Chemnitz, Bergamo und Modena durchgeführt (s. http://www1.slm.uni-hamburg.de/de/forschen/projekte/euroWiss; 14.7.2012).

empirisch fundierter Studien, in denen Formen der einzelsprachlichen Umsetzung wissenschaftlichen Handelns systematisch erfasst und analysiert werden.

1.2 Untersuchungsgegenstand und Bezugspunkte der Forschung

Der vorliegende Band versucht einen Beitrag zu einer solchen noch im Aufbau befindlichen *Wissenschaftssprachkomparatistik* zu leisten. Das Interesse richtet sich zunächst auf signifikante Ausschnitte aus der deutschen und italienischen Sprach- und Wissenschaftsgeschichte, und zwar auf Beiträge von Galileo Galilei und Christian Wolff, die den Ablösungsprozess vom Lateinischen – durch eine Wissenschaft auf landessprachlicher Grundlage – auf unterschiedliche Weise mitgeprägt haben. Die in Kapitel 2 herausgegriffenen Entwicklungsschritte sollen gleichzeitig (in Hinblick auf die im empirischen Teil behandelten Fragen) Hintergründe für Erscheinungsformen der sprachlichen Umsetzung forschenden Handelns deutlich machen, die für heutige Verhältnisse als selbstverständlich erscheinen: Dazu zählen unter anderem autorenseitige Hinweise zu Anliegen und Ansatz der eigenen Arbeit, zur methodischen Vorgehensweise oder zur Definition von Begriffen. Diesbezügliche Beobachtungen werden im empirischen Teil (Kap. 3-5) anhand von Daten aus einem Korpus soziologischer Beiträge deutscher und italienischer Autoren vorgestellt, von denen großenteils auch Übersetzungen vorliegen. Die Soziologie ist von der sprachlichen Vereinheitlichung des Wissenschaftsdiskurses weniger stark betroffen als andere Disziplinen. Dies hängt nicht zuletzt damit zusammen, dass die Sprache der Soziologie aufgrund ihres Gegenstandsbereiches eine besondere Nähe zur Alltagssprache zeigt (Treibel 1995). Das Interesse der hier vorgestellten Untersuchungen richtet sich jedoch nicht darauf, Spezifika der soziologischen Fachsprache(n) oder der fachlichen Terminologien herauszuarbeiten. Vielmehr geht es darum, Einsichten zu vermitteln, wie italienische und deutschsprachige Autoren bei der Textgestaltung verfahren und welche sprachlichen Mittel für die Orientierung der Leser bevorzugt genutzt werden. Im Vordergrund von Kapitel 3 stehen Handlungskommentierungen, die in vielen Fällen Elemente des Zeigfelds einschließen. Der Frage, in welcher Weise solche eher unscheinbaren, in wissenschaftlichen Texten aber hochfrequenten Ausdrucksmittel verwendet werden, um eine Orientierung des Lesers zu bewirken, wird in Kapitel 4 nachgegangen. Das 5. Kapitel ist Ausschnitten des Verbwortschatzes gewidmet, die herangezogen werden, um die eigene Forschungstätigkeit und damit verbundene sprachliche Handlungen explizit zu machen. Fragen der Übersetzung werden regelmäßig mitberücksichtigt.

Zu wissenschaftlichen Schreibkonventionen sind in den letzten zwei Jahrzehnten zahlreiche, z.T. richtungsweisende Studien erschienen, auch im Anschluss an (bzw. in kritischer Auseinandersetzung mit) M. Clynes Beobachtungen zu den Merkmalen deutscher und angelsächsischer Wissenschaftsstile (z.B. Clyne 1987; vgl. in diesem Zusammenhang beispielhaft Graefen 1994, Gaberell 2001, jeweils mit weiterführenden Angaben). Die häufige Bezugsetzung zum Englischen in komparativen Studien zum wissenschaftlichen Schreiben hängt zweifellos auch mit seiner Vorrangstellung im Wissenschaftsbetrieb zusammen.

Um Schwerpunktsetzungen bezüglich der Leserorientierung in deutschen und italienischen Wissenschaftstexten herauszuarbeiten, greife ich auf die Untersuchungen von Ehlich (bes. 2007 [1992a]) und Redder (2000) zur Deixis in wissenschaftlichen Texten und zur Unterscheidung der unterschiedlichen Verweisräume zurück sowie auf die grundlegenden Arbeiten von Graefen zur Textart *Wissenschaftlicher Artikel* und zum Vorkommen *textkommentierender* Handlungen (1997, 2000a). Anknüpfungspunkte – seitens der italienischen Forschung – bieten die Beobachtungen von Altieri Biagi (1990) zur Wissenschaftsprosa von Galileo Galilei, die Überlegungen von Conte (1988) zur Textdeixis sowie der texttypologische Beschreibungsansatz von Sabatini (1999). Sabatini legt als Kriterium für die Gruppierung von Texten die Beeinflussung der Textauslegung (*il vincolo interpretativo*) zugrunde. Der jeweilige Spielraum wird durch gezielte Maßnahmen der Textorganisation reguliert. Wissenschaftliche Texte zählen nach diesem Ansatz zum Makrotyp der *testi mediamente vincolanti*. Zu den wesentlichen Merkmalen der Texte dieser Gruppe gehört es zum einen, dass der Verfasser versucht, den Prozess der Wissensaneignung sowie die Interpretation seiner Aussagen zu begleiten und zu steuern, indem er die Leser Schritt für Schritt an neue Wissensbestände oder Thesen heranführt. Zum anderen hebt Sabatini hervor, dass es Fälle gibt, in denen sich der Verfasser bewusst ist, dass seine Thesen nur vorläufigen Charakter haben und zumindest teilweise verworfen werden können:

> Vi sono rapporti comunicativi nei quali il bisogno, nell'emittente, di ottenere dal destinatario una interpretazione aderente alla propria è temperato dalla *necessità di far procedere il destinatario gradualmente da un suo precedente stadio di conoscenza o posizioni verso le conoscenze e posizioni propostegli*; oppure quel bisogno di corretta interpretazione è attenuato nell'emittente stesso, dalla *consapevolezza di una parziale controvertibilità o aleatorietà delle proprie tesi.* (Sabatini 1999: 148; Kursiv-Hervorhebung DH)

Für das schrittweise Heranführen der Leser (*far procedere ... gradualmente*) an den angestrebten Erkenntniszugewinn sowie für die Thematisierung der Strittigkeit (*controvertibilità o aleatorietà*) von Lehrmeinungen und wissenschaftlichen Positionen bieten bereits die dialogischen Schriften von Galileo Galilei zahlreiche Beispiele (s. hierzu Kap. 2.1).

Bei der sprachlichen Umsetzung wissenschaftlicher Tätigkeiten spielt der Verbwortschatz eine zentrale Rolle. Zum Teil sind diese verbalen Ausdrücke auf mentale und forschungspraktische Handlungen bezogen (z.B. *anknüpfen an, eingrenzen, unterteilen* oder *zusammenstellen*) oder auf kognitive Prozesse (z.B. *sich herausstellen, sich erweisen als* oder *sich überschneiden mit*), zum Teil liegt ein unmittelbarer Illokutionsbezug vor (z.B. bei *beschreiben, erklären* oder *in Frage stellen*). Einschlägige Studien zu bestimmten Sprechhandlungen und Handlungsmustern liegen zwar vor (beginnend bei Ehlich/Rehbein 1979), eine systematische Aufarbeitung des für die Bezeichnung sprachlicher Handlungen genutzten Verbwortschatzes steht jedoch noch aus. Vorschläge zu einer an semantischen Gruppen orientierten Erfassung von sprechhandlungsbezeichnenden Verben in wissenschaftlichen Texten, auf die im Folgenden noch zurückgegriffen wird, wurden von Fandrych (2002, 2005, 2006) entwickelt und auf ein deutsch-englisches Korpus angewendet. Erkenntnismöglichkeiten einer handlungstheoretischen Analyse komplexer Verben in wissensvermittelnden Sprechhandlungen sind von Redder (im Ersch.) beispielhaft aufgezeigt worden.

Die Ausdrucksmittel für die Versprachlichung wissenschaftlichen Handelns (vgl. etwa Fügungen wie *einen Zugang wählen, eine These stützen* bzw. *erhärten*) fallen in den Bereich, den Ehlich (1993b, 1999) als *alltägliche Wissenschaftssprache* (im Folgenden: AWS) bezeichnet hat. Im Gegensatz zur fachlichen Nomenklatur sind Elemente der AWS gerade aufgrund ihrer Nähe zur Alltagssprache eher unscheinbar und werden oft erst dann wahrgenommen, wenn beim Schreibprozess Formulierungsschwierigkeiten auftreten oder wenn wissenschaftliche Texte übersetzt werden sollen.

> Diese alltäglichen Strukturen in ihrer Nicht-Oberflächlichkeit, Strukturen, die sozusagen geradezu in den Mantel ihrer Alltäglichkeit eingehüllt sind, sind schwer zu greifen, folglich auch schwer zu begreifen. Sie sind für unsere Aufmerksamkeit geradezu unsichtbar geworden, weil sie diese Alltäglichkeit mitbringen und eben daraus ihre spezifische Leistungsfähigkeit beziehen. (Ehlich 1999: 10)

An die Beobachtungen von Ehlich anknüpfend, hat insbesondere Graefen (z.B. 2002, 2004, 2009) verschiedentlich Probleme der Studierenden mit solchen nicht fachspezifischen, aber dennoch wissenschaftstypischen Wortschatzelementen des Deutschen deutlich gemacht. Auch in dem Lehr- und Arbeitsbuch *Wissenschaftssprache Deutsch* (Graefen/Moll 2011) wird Verben, Substantiven und idiomatischen Fügungen bzw. Kollokationen der AWS besondere Aufmerksamkeit gewidmet. Dass vor allem den Studierenden, die nicht zur Gruppe der Muttersprachler zählen, aber in der deutschen Wissenschaftssprache schriftlich und mündlich handeln müssen[11], nun empirisch basiertes Übungsmaterial zur Verfügung steht, ist für die Sprachdidaktik an der Hochschule ein wichtiger Fortschritt. An vergleichenden Untersuchungen wissenschaftssprachlicher Strukturen und Wortschatzeinheiten zur Bezeichnung für "häufig wiederkehrende, nicht fachspezifische mentale und kommunikative Tätigkeiten von Wissenschaftlern" (Graefen 2002: 1) besteht jedoch weiterhin großer Bedarf. Das gilt auch für das Sprachenpaar Deutsch-Italienisch.

1.3 Textgrundlage

Für den historischen Teil dieses Bandes (Kap. 2) wurden Auszüge aus Galileis *Dialogo sopra i due massimi sistemi del mondo* (1970 [1632]) sowie aus den philosophischen Schriften von Christian Wolff (1983 [1751], 1973 [1733], 1962 [1713]) ausgewählt und kommentiert. Die Befunde des empirischen Teils (Kap. 3-5) basieren dagegen auf Auswertungen von deutschen und italienischen Artikeln der Soziologie und auf rechtwissenschaftlichen Rezensionen.

Der überwiegende Teil der Belege entstammt der zweisprachigen Ausgabe der *Annali di Sociologia/Soziologisches Jahrbuch* (im Folgenden: *Annali*). Die *Annali* bezeugen das Engagement für praktizierte Mehrsprachigkeit in der Wissenschaftskommunikation seitens der Italienisch-Deutschen Gesellschaft für Soziologie, die seit ihrer Einrichtung an der Universität Trient (1990) bemüht ist, den wissenschaftlichen Austausch zwischen Soziologen aus Italien und aus dem deutschsprachigen Raum zu fördern.[12] Der Vorteil dieses Korpus besteht darin, dass es sowohl kontrastiv als auch parallel ist, da zu den deutschen und italienischen Originalaufsätzen jeweils eine italienische oder deutsche Übersetzung vorliegt. Der Wissenschaftslinguistik bietet sich hier die Möglichkeit, vergleichende Studien zu Textmerkmalen und Schreibkonventionen durchzuführen und dabei auch translatorischen Fragen nachzugehen. Hervorzuheben ist, dass die Redaktion der Bände des Jahrbuchs – insbesondere in Hinblick auf die termino-

11 Zu dabei auftretenden Schwierigkeiten italophoner Studierender vgl. z.B. Heller 2006a.

12 S. http://www.ateneoitalotedesco.org/page.asp?pag=1113; 14.7.2012.

logische Stimmigkeit der Übersetzungen – sprachwissenschaftlich begleitet wird. Im Rahmen des anfangs erwähnten PRIN-Projektes wurden verschiedene Themenbände der *Annali* zu einem Korpus zusammengestellt. Es umfasst 280 Einzelbeiträge der *Annali* aus den Jahren 1991-2002, hat einen Gesamtumfang von ca. 1,8 Mio. Wörtern und ist mithilfe der von Adam Kilgarriff *et al.* (2004) entwickelten *Sketch Engine* durchsuchbar. Um getrennte Auswertungen der jeweiligen Ausgangstexte und der Translate vornehmen zu können, wurden die digital verfügbaren Texte in vier Subkorpora unterteilt.[13]

Tab. 1.1: Annali-*Korpus (1991-2002)*

dtO	77 deutsche Artikel (473517 Tokens)	ital. Übersetzungen (408489 Tokens)	itÜ
itO	63 ital. Artikel (387059 Tokens)	deutsche Übersetzungen (534652 Tokens)	dtÜ

Für die Untersuchungen zum Verbwortschatz wurde zudem auf ein Korpus von Sekundärtexten zurückgegriffen, in denen verbale Ausdrücke zur Bezeichnung forschenden und sprachlichen Handelns erwartungsgemäß in besonders hoher Konzentration nachweisbar sind. Aus dieser Textsammlung wurden 30 Rezensionen selektiert, die in Hinblick auf fachliche Zugehörigkeit, Erscheinungszeitraum und übergeordnete Thematik vergleichbar sind.

Tab. 1.2: Rechtswissenschaftliches Korpus (1999-2003)[14]

EuR	Zeitschrift *Europarecht*, Jg. 1999-2004	Zeitschrift *Rivista Italiana del Diritto Pubblico Comunitario* Jg. 2000-2003	DPR
1-16	16 Rezensionen (ca. 15.500 Tokens)	14 Rezensionen (ca. 16.000 Tokens)	1-14

13 Herzlich gedankt sei an dieser Stelle sowohl Prof. Dr. Johann Drumbl für seine Unterstützung bei der Aufbereitung des elektronischen Datenmaterials für die korpuslinguistische Untersuchung als auch Prof. Dr. Reinhard Schmidt (der an dem Prozess der sprachlichen Revision der Übersetzungen maßgeblich beteiligt ist und damit auch zu deren hoher Qualität beiträgt), dass er als Verantwortlicher des PRIN-Teilprojektes der Universität Florenz auch den anderen Forschungseinheiten (Bergamo und Modena) den Zugang zu dem *Annali*-Korpus ermöglicht hat.

14 Eine gewisse Variationsbreite ergibt sich bezüglich des Umfangs der einzelnen Rezensionen. Im deutschen Teilkorpus reicht die Spanne von 350 bis zu 1470 Wörtern pro Rezension. Die italienischen Rezensionen zeigen diesbezüglich mehr Varianz: Der Umfang schwankt hier zwischen 180 und 3160 Wörtern.

Anders als im Fall soziologischer Artikel, die bereits von Clyne (1987, 1991) untersucht wurden, sind rechtswissenschaftliche Rezensionen meines Wissens bisher noch nicht Gegenstand linguistischer Betrachtungen gewesen. Sie bieten darüber hinaus den Vorteil, dass der Fachbereich Jura – als noch weitgehend einzelsprachlich geprägt (Skudlik 1990) – ebenso wie die Soziologie von der zunehmenden Monolingualisierung wissenschaftlicher Veröffentlichungen weniger betroffen ist als etwa naturwissenschaftliche Disziplinen oder auch als die Sprachwissenschaft selbst.

2 Sprachübergreifende und sprachspezifische Entwicklungen

In Zeiten kultureller und wissenschaftlicher Blüte ergeben sich neue Ausdruckserfordernisse, und die Sprache erhält aus den entsprechenden fachlichen Bereichen starke Impulse für Anreicherungen.[15] Unter den Akteuren, die bei der Herausbildung der italienischen Wissenschaftsprosa mitgewirkt haben, gebührt Galileo Galilei besondere Aufmerksamkeit. Auf seinen Beitrag zur Ablösung des Lateinischen durch das Italienische wird unter Punkt 2.1 eingegangen. Verdienste um die Wortschatzerweiterung und die begriffliche Präzisierung bestehender Ausdrücke in den Bereichen Mechanik, Architektur und der bildenden Künste, insbesondere der Malerei, kommen auch Leonardo da Vinci zu. Zu den lexikalischen Prägungen, die ihm zugeschrieben werden, zählen Ausdrücke wie *ritratto* ('Portrait') oder *prospettiva aerea* ('Luftperspektive').[16] Zu weiteren Beiträgen bei dem Ausbau fachlicher Nomenklaturen sei auf den Überblick von Dardano (1994) verwiesen.

Im deutschen Sprachraum ist die Emanzipation vom Gelehrtenlatein das Werk von weniger bekannten Wissenschaftlern und Universitätsprofessoren, die sich vor allem seit dem ausgehenden 17. Jahrhundert für eine Aufwertung des Deutschen einsetzen. Zwar gab es auch zuvor einzelne Ansätze, so etwa die deutschen – aber mit lateinischen Versatzstücken vermischten – Vorlesungen von Paracelsus an der Universität Basel zu Themen der Anatomie und angewandten Medizin. Hervorzuheben ist auch das Bemühen einzelner Wissenschaftler, vornehmlich aus den Naturwissenschaften und der Mathematik, eigene Werke zu verdeutschen und die primär für eine nicht akademische Leserschaft bestimmte deutsche Sachprosa einem wissenschaftlichen Niveau anzugleichen. Erinnert sei etwa an Dürers *Unterweisung der Messung* (1525) oder an Keplers *Messekunst Archimedis* (1619) (s. Menzel 1996: 58, Pörksen 1983, Polenz 2000 [1991]: 202).

---

15 So etwa sind viele Begriffe aus der Psychoanalyse in die Alltagssprache übernommen worden (z.B. *abreagieren, Fehlleistung, Verdrängung*).

16 Vgl. Della Valle 2001: 315, Fn 38: "Solo con Leonardo da Vinci *ritratto* acquisterà una sua piena autonomia sostantiva, col significato di 'opera d'arte che rappresenta la figura umana'." Mit Bezug auf *prospettiva aerea* (ebd.: 325): "Sono queste, tra la fine del Quattrocento e i primi decenni del Cinquecento, le parole chiave del nuovo modo di dipingere inaugurato da Leonardo."

Es kommt jedoch noch nicht zu einem Durchbruch. Nach jahrhundertlanger Koexistenz und Konkurrenz mit dem Lateinischen fasst das Deutsche fächerübergreifend erst im 18. Jahrhundert im Wissenschaftsbetrieb Fuß (vgl. Menzel 1996, Pörksen z.B. 1999, Ricken 1995 und 2010). Anschaulich wird diese Umbruchsphase von dem Leipziger Philosophieprofessor Carl Günther Ludovici (1977 [1737]: 231) beschrieben:

> Hat man sich jemahls um die Verbesserung der Deutschen Sprache gekümmert, so ist es gewiß das jetzige Jahrhundert. Ehedem meinte man, unserer Muttersprache sey nur ein Mittel, dadurch wir unsere Gedancken im gemeinen Leben dem andern eröffnen könnten; sie sey zum Vortrag der Wissenschafften und freyen Künste so wenig geschickt als einer, der nur ein Bein hat, zum Wettlauffe; sie sey so armselig an Worten, dass man sie auf die Folter legen müsse, wenn man hinter eine oder die andere Ausdruckung unserer Begriffe kommen wollte. (...) Dieser erbarmungswürdige Zustand der Deutschen Sprache ist einigen neuern Gelehrten zu Hertzen gegangen, welche in der That gezeiget haben, dass unsere Muttersprache an Wörtern so reich, als geschickt sey, alle Wissenschafften in selbiger ohne Beyhülffe einer anderen [= Sprache] zu lehren.

Richtungsweisende Beiträge zur Verwendung des Deutschen an der Universität und zum Strukturausbau der deutschen Wissenschaftssprache werden unter Punkt 2.2 herausgegriffen. Nicht behandelt werden ältere Formen wissenschaftlicher Prosa im Bereich der mittelalterlichen Enzyklopädik (z.B. der deutsche *Lucidarius*, das *Buch der Natur* von Konrad von Megenburg oder die *Composizione del mondo* von Restoro D'Arezzo). Das Spektrum der frühen Zeugnisse volkssprachlicher Sach-/Fachliteratur ist ausgesprochen vielfältig.[17] Menzel (1996: 58) spricht in diesem Zusammenhang von einer "Aufgabenteilung wissensvermittelnder Gattungen – akademische Wissenschaft und 'Spitzenforschung' lateinisch, Populärwissenschaft und angewandte Naturkunde volkssprachig".

17 Verwiesen sei auf einschlägige Beiträge zu ihrer Aufarbeitung von Altieri Biagi (1990, 1998), Olschki 1965 [1919-27], Pörksen (1986) sowie die Studien in Gualdo (2001).

2.1 Zur Entwicklung des Italienischen als Wissenschaftssprache

Das 17. Jahrhundert zeitigt wissenschaftliche Entdeckungen und Fortschritte von außerordentlicher Tragweite. Der damit einhergehende Entwicklungsschritt im Ausbau der italienischen Sprache wird primär mit der Figur und dem Werk von Galileo Galilei verbunden – "inventore del metodo sperimentale da cui trassero origine le moderne discipline scientifiche" (Sobrero 1993: 246).[18] Galilei verwendet bereits in seinen frühen Schriften das Italienische, so in einem kurzen Traktat mit dem Titel *La bilancetta* ('die kleine Waage', erschienen postum 1644). Abgesehen von wenigen Ausnahmen bleibt er bei dieser Sprachenwahl, die häufig als Ausdruck der Absicht gesehen wird, auf diese Weise ein interessiertes Laienpublikum zu erreichen.

Es muss Galilei aber bewusst gewesen sein, dass er durch den Verzicht auf das Lateinische als Publikationssprache der internationalen Verbreitung seiner wissenschaftlichen Auffassungen Grenzen setzte. Warum ist er bereit, diesen Preis zu zahlen? Wie Marazzini (2011: 136) unterstreicht, spielen bei Galileis Entscheidung für das Italienische mehrere Faktoren eine Rolle:

> Die Wahl zwischen den beiden Sprachen war weder leicht noch stand die endgültige Entscheidung von vorneherein fest, doch sie war von dem apriorischen Vertrauen in die Volkssprache diktiert, aber auch von dem Willen, sich von der Kaste der Doktoren polemisch abzusetzen.

Die Wahl der Sprache steht daher bei Galilei in engem Zusammenhang mit der Absage an überkommene Traditionen des Wissenschaftsbetriebs (s. auch die sprach- und wissenschaftshistorische Einordnung Galileis bei Sobrero 1993). In einzelnen Schriften in seinem Werk wird diese Gegenüberstellung zugespitzt und funktional eingesetzt. Eindrucksvoll zeigt sich dies in dem als Brief verfassten Traktat *Il saggiatore* ('der Prüfer mit Goldwaage', 1623). In dieser Schrift über Thermodynamik, angewandte Optik und atmosphärische Erscheinungen übt Galilei Kritik an der Theorie der Kometen, die nicht in Einklang mit dem kopernikanischen Weltbild steht. Er bedient sich dazu gezielt der beiden Sprachen, indem er Thesen auf Latein zitiert und auf Italienisch widerlegt, so dass

---

18 Vgl. ebenfalls die Studie von Thielmann (1999), der bei seiner Rekonstruktion physikalischer Begriffe (von Aristoteles bis zu Einstein) verschiedene Wissenschaftstypen unterscheidet. Er geht in diesem Zusammenhang auf Galileis grundlegende Beiträge zur Entwicklung des begrifflichen Instrumentariums der Mechanik ein, insbesondere auf die Fallversuche, "mit denen die experimentelle Physik begründet wurde" (ebd., 25).

sich "ein fortgesetzter Dialog entwickelte, der zwei verschiedenen Auffassungen von Wissenschaft entsprach, die einander direkt gegenüberstanden" (Marazzini 2011: 136).

Der gezielte Rückgriff auf beide Sprachen zeigt sich auch in Galileis 1638 erschienenem Hauptwerk *Discorsi e dimostrazioni matematiche, intorno a due nuove scienze attinenti la mecanica e i moti locali* ('Unterredung und mathematische Demonstration über zwei neue Wissenszweige die Mechanik und die Fallgesetze betreffend', 1965 [1637]). Der Text ist auf Italienisch verfasst, Passagen, in denen mathematische Ableitungen und Beweisführungen erfolgen, werden auf Latein präsentiert. Wie Thielmann (2003, 2007) deutlich gemacht hat, legt die Verwendung der beiden Sprachen in den *Discorsi* nahe, dass es Galilei nicht primär um eine Demokratisierung der Wissenschaft gegangen ist, sondern dass der Einsatz des Italienischen gegenüber dem Lateinischen einer anderen Zweckbestimmung unterliegt:

> In den *Discorsi* ist das Lateinische die Sprache, in der die formallogisch-mathematischen Schlußfolgerungen dargelegt werden – und dies durchaus im Rahmen scholastisch tradierter Verfahren –, während auf Italienisch debattiert, d.h. eine neue wissenschaftliche Kultur der begrifflich angeleiteten Empirie entwickelt wird. (Thielmann 2003: 5)

Diese Beobachtungen ergänzen das Bild, das die Forschung von Galilei gezeichnet hat. Wie sich bereits im *Saggiatore* gezeigt hat, kommen den beiden Sprachen, wenn Galilei sie im gleichen Text verwendet, unterschiedliche Funktionen zu.

Ich möchte nun anhand einer den *Discorsi* vorausgehenden Schrift, dem *Dialogo sopra i due massimi sistemi del mondo* (1970 [1632]) einige Verfahren aufzeigen, die Galilei einsetzt, um seine Thesen in der Auseinandersetzung zwischen dem geozentrischen (aristotelisch-ptolomäischen) und dem heliozentrischen (kopernikanischen) Weltbild der Öffentlichkeit zugänglich zu machen. Er greift dabei, wie später in den *Discorsi*, auf die bereits in der griechischen Antike (Platon) verwendete Dialogform zurück, um den Widerstreit unterschiedlicher Gedankengebäude zu thematisieren. Wie Olschki im dritten Band seiner *Geschichte der neusprachlichen wissenschaftlichen Literatur* (1965 [1919-27]: 338) hervorhebt, ist der Dialog für Galilei "nicht allein ein Mittel schlichter, leicht fasslicher Belehrung, sondern zugleich die Waffe im Kampfe der Meinungen". Dardano (1994: 534) spricht sogar von einer Umwertung der Gattung bzw. einer "ridefinizione della struttura e della formazione del dialogo (...) come processo di acquisizione di nuovi metodi e conoscenze".[19]

Die Gegenüberstellung der beiden Weltbilder und der damit verbundenen wissenschaftlichen Auffassungen wird im *Dialogo* mit stilistischer Raffinesse und Ironie vorgeführt. Wissenschaftliche *Eristik* (s. Ehlich 1993b) wird auf diese Weise zur literarischen Kritik stilisiert. Die Dialogform ermöglicht es Galilei, über die Beiträge der Diskutanten Salviati, Sagredo und Simplicio – sei es durch Fragen, Beweisführungen oder durch Zugeständnisse – seine eigene Position im Systemstreit einzubringen, bestehende Ansichten zu korrigieren und Gegenargumente zu entkräften. Albert Einstein kommentiert Galileis Vorgehen in seinem Beitrag zum Nachdruck der deutschen Ausgabe (Galilei 1982 [1891], wie man bei Kalverkämper (1996: 710)[20] nachlesen kann, mit Bezug auf die Zeitumstände:

> Es war Galileo ja sogar direkt verboten worden für die Lehre des Kopernikus einzutreten. Der 'Dialog' stellt (abgesehen von seinem bahnbrechenden sachlichen Gehalt) einen geradezu schalkhaften Versuch dar, dies Gebot scheinbar zu befolgen, sich *de facto* aber darüber hinwegzusetzen.

Nun bleibt Galilei im Verlauf des fingierten Dialogs zwar im Hintergrund, in seiner an die Leserschaft gerichteten Vorrede bezieht er jedoch deutlich Stellung. Er nimmt Bezug auf die römische Zensur, knüpft an seine vorausgegangene Rede zur Verteidigung des kopernikanischen Weltbildes an und legt seine Beweggründe für die vorgelegte Schrift dar. Ein Auszug aus diesem Vorspann zum *Dialogo* wird nachfolgend zusammen mit der 1891 erschienenen deutschen Übersetzung von E. Strauss wiedergegeben:

---

19 Diese Entwicklung setzt sich im 18. Jahrhundert fort. Der Dialog dient neuen gesellschaftlichen Zwecken, die durch ein zunehmendes Bedürfnis von Seiten eines breiteren Publikums nach Teilhabe an wissenschaftlichem Fortschritt mitbedingt werden: "Come il discorso e il dialogo galileiano raccontavano – nel loro percorso e sviluppo – il progredire della ricerca e della scoperta, così, nel Settecento, il dialogo, divenuto strumento di divulgazione scientifica, entra nei salotti offrendosi alle dame desiderose di sapere." (Dardano 1994: 537).

20 Kalverkämper (1996), der das Spektrum der Gattungen und Textarten in der Zeit von 1640 bis 1750 illustriert, zieht einen Vergleich des wissenschaftlichen Dialogs bei Galilei (Ptolemäus vs. Kopernikus) und Fontenelle (Descartes vs. Newton): "In beiden Fällen sind die Antagonisten – also Kopernikus und Newton – die 'modernen' Vertreter, die die alten, noch herrschenden Sichtweisen über den Kosmos im Großen, über den Makrokosmos, mit ihren Forschungen korrigieren und mit ihrer Lehre ersetzen." (Ebd.: 707).

Tab. 2.1: *Aus dem* Dialogo sopra i due massimi sistemi del mondo *und der deutschen Übersetzung* (Dialog über die beiden hauptsächlichsten Weltsysteme): *Vorrede*

Al discreto Lettore (Galilei 1970 [1632]: 2-3)	An den geneigten Leser (Galilei 1982 [1891]: 4f.)
(…) Per tanto è mio consiglio nella presente fatica mostrare alle nazioni forestiere, che di questa materia se ne sa tanto in Italia, e particolarmente in Roma, quanto possa mai averne imaginato [sic] la diligenza oltramontana; e raccogliendo insieme tutte le speculazioni proprie intorno al sistema Copernicano, far sapere che precedette la notizia di tutte alla censura Romana, e che escono da questo clima non solo i dogmi per la salute dell'anima, ma ancora gl'ingegnosi trovati per delizie degl'ingegni.	(…) Darum ist meine Absicht in vorliegender mühevoller Arbeit den fremden Nationen zu beweisen, daß man in Italien und insbesondere in Rom über diese Materie ebensoviel weiß, als nur immer die Forschung darüber ermittelt haben mag. Durch Zusammenstellung aller eigenen Untersuchungen über das kopernikanische System will ich zeigen, daß die Erkenntnis von dem der römischen Zensur voranging, daß mithin dieser Himmelsstrich nicht nur die Heimat der Dogmen für das Seelenheil ist, sondern dass auch die scharfsinnigen Entdeckungen zur Vergnügung der Geister von ihm ausgingen.
A questo fine ho presa nel discorso la parte Copernicana, procedendo in pura ipotesi matematica, cercando per ogni strada artifiziosa di rappresentarla superiore, non a quella della fermezza della Terra assolutamente, ma secondo che si difende da alcuni che, di professione Peripatetici, ne ritengono solo il nome, contenti, senza passeggio, di adorar l'ombre, non filosofando con l'avvertenza propria, ma con solo la memoria di quattro principî mal intesi.	Zu diesem Zwecke habe ich im Laufe der Unterredung die Partei des Kopernikus ergriffen, wobei ich von seinem System ganz nach mathematischer Weise als von einer Voraussetzung ausgehe und mit Hilfe aller möglicher Kunstgriffe nachzuweisen versuche, dass dieses System dem von der Unbewegtheit der Erde zwar nicht schlechthin überlegen ist, wohl aber in Ansehung der Gegengründe, die von den zünftigen Peripatetikern vorgebracht werden. Diese Leute geben sich zufrieden, im Widerspruch mit ihrem Namen, Gespenster zu verehren, ohne umherzuwandeln; sie suchen nicht vermöge eigenen Nachdenkens die Wahrheit zu erforschen, sondern einzig und allein mittels der Erinnerung an vier missverstandene Principien.
Tre capi principali si tratteranno. Prima cercherò di mostrare, tutte l'esperienze fattibili nella Terra essere mezi [sic] insufficienti a concluder la sua mobilità, ma indifferentemente da potersi adattare così alla Terra mobile, come anco quiescente; e spero che in questo caso si paleseranno molte osservazioni ignote all'antichità. Secondariamente si esamineranno li fenomeni celesti, rinforzando l'ipotesi copernicana come se assolutamente dovesse rimaner vittorio-	Drei Hauptpunkte werden erörtert werden. Zuerst werde ich zu beweisen suchen, dass alle auf Erden anstellbaren Versuche ungenügende Mittel sind, um deren Bewegung darzutun, dass solche vielmehr unterschiedslos ebenso wohl mit der Bewegung wie mit der Ruhe der Erde vereinbar sind; bei diesem Anlaß werden, wie ich hoffe, viel dem Altertum unbekannte Beobachtungen zur Sprache kommen. Zweitens werden die Himmelserscheinungen einer Prüfung unterzogen wer-

sa, aggiungendo nuove speculazioni, le quali però servano per facilità d'astronomia, non per necessità di natura. Nel terzo luogo proporrò una fantasia ingegnosa. Mi trovavo aver detto, molti anni sono, che l'ignoto problema del flusso del mare potrebbe ricever qualche luce, ammesso il moto terrestre. Questo mio detto, volando per le bocche degli uomini, aveva trovato padri caritativi che se l'adottavano per prole di proprio ingegno.	den, welche so sehr zu Gunsten der kopernikanischen Annahme ausfällt, als ob diese siegreich daraus hervorgehen sollte; dabei werden neue Forschungen vorgeführt, die als astronomische Hilfsmittel zu betrachten sind, nicht aber als tatsächliche Naturgesetze. Drittens werde ich eine geistreiche Phantasie zur Sprache bringen. Ich habe vor vielen Jahren einmal ausgesprochen, daß auf das dunkle Problem von Ebbe und Flut einiges Licht fallen könnte, sobald man die Bewegung der Erde einräumen wollte. Dieser mein Ausspruch verbreitete sich von Mund zu Mund und es fanden sich barmherzige Pflegeväter, welche die arme Waise als Kind ihres eigenen Gedankens annahmen.
Ora, perché non possa mai comparire alcuno straniero che, fortificandosi con l'armi nostre, ci rinfacci la poca avvertenza in uno accidente così principale, ho giudicato palesare quelle probabilità che lo renderebbero persuasibile, dato che la Terra si muovesse. Spero che da queste considerazioni il mondo conoscerà, che se altre nazioni hanno navigato più, noi non abbiamo speculato meno, e che il rimettersi ad asserir la fermezza della Terra, e prender il contrario solamente per capriccio matematico, non nasce da aver contezza di quant'altri ci abbia pensato, ma, quanto altro non fosse, da quelle ragioni che la pietà, la religione, il conoscimento della divina onnipotenza, e la coscienza della debolezza dell'ingegno umano, ci somministrano. (...)	Damit nun nicht dereinst ein Fremder, mit unseren eigenen Waffen kämpfend, vor uns hintrete und uns schelte wegen der geringen Aufmerksamkeit, die wir einer so wichtigen Naturerscheinung gewidmet hätten, habe ich es für richtig gehalten, die Gründe darzulegen, welche die Sache plausibel machen unter der Annahme, dass die Erde sich bewege. Diese Untersuchungen werden hoffentlich der Welt beweisen, dass andere Nationen zwar in größerem Umfange Schiffahrt betreiben mögen, dass wir ihnen aber in wissenschaftlicher Forschung nichts nachgeben; daß, wenn wir uns bescheiden die Unbeweglichkeit der Erde zu behaupten und die gegenteilige Annahme nur als eine mathematische Grille betrachten, dies nicht aus Unkenntnis der Ideen anderer geschieht; dass wir vielmehr, von anderem abgesehen, dies aus den Gründen thun, welche die Frömmigkeit, die Religion, die Erkenntnis der göttlichen Allmacht und das Bewußtsein von der Unzulänglichkeit des Menschengeistes uns an die Hand geben. (...)

Ich möchte aus diesem Textauszug einige Punkte herausgreifen, die in Hinblick auf die von Sabatini (1999, s.o. Kap. 1.2) genannten Hauptmerkmale von Texten des Makrotyps *mediamente vincolante* von Interesse sind und zugleich ein Licht auf die Forscherpersönlichkeit von Galilei werfen. Vorausgeschickt sei, dass zwischen Ausgangstext und Übersetzung mehr als 250 Jahre liegen.

Dies ist bei der Lektüre der deutschen Fassung stets mitzubedenken. Der zeitliche Abstand führt in einigen Fällen zu modernisierenden Eingriffen des Übersetzers – so etwa bei der Wiedergabe von *speculare/speculazione* mit *Untersuchung* und *(wissenschaftlicher) Forschung:*

- raccogliendo insieme tutte le *speculazioni* proprie intorno al sistema Copernicano (Zusammenstellung aller eigenen *Untersuchungen* über das kopernikanische System)
- aggiungendo nuove *speculazioni* (dabei werden neue *Forschungen* vorgeführt)
- che ... noi non abbiamo *speculato* meno (daß wir ihnen aber *in wissenschaftlicher Forschung* nichts nachgeben).

Die italienischen Ausdrücke gehen auf das lateinische *speculari* zurück, mit dem ursprünglich das Beobachten der Sterne bezeichnet wurde.[21] Diese Wortwahl liegt gerade im Fall von Galilei besonders nahe. In der Übersetzung tritt dieser Bedeutungsaspekt zugunsten von fachübergreifenden Bezeichnungen wissenschaftlichen Handelns in den Hintergrund.

Was den gesamten Text unabhängig von solchen Entscheidungen des Übersetzers modern macht, ist die Heranführung des Lesers an den Gegenstand, das Anliegen und die Vorgehensweise. Galilei motiviert die Publikation des *Dialogo* in der Vorrede zunächst dadurch, dass er die durch seine Forschungen gewonnenen Erkenntnisse über die Landesgrenzen hinaus aufzeigen möchte:

- mostrare alle nazioni forestiere, che di questa materia se ne sa tanto in Italia, e particolarmente in Roma, quanto possa mai averne imaginato [sic] la diligenza oltramontana (den fremden Nationen zu beweisen, dass man in Italien und insbesondere in Rom über diese Materie ebensoviel weiß, als nur immer die Forschung darüber ermittelt haben mag)

Gleichzeitig will er auf diese Weise Fehleinschätzungen, die durch die römische Zensur hervorgerufen wurden, korrigieren:

- far sapere che precedette la notizia di tutte alla censura Romana (zeigen, daß die Erkenntnis von dem der römischen Zensur voranging).

Darüber hinaus soll der Nachweis dazu dienen, einer (fremden) Aneignung seiner Ideen bezüglich des Zusammenhangs zwischen der Erdbewegung und den Gezeiten vorzubeugen. Dieses zusätzliche Anliegen wird verdeutlicht durch die ironische Anspielung auf

21 Diesen Hinweis verdanke ich Pierluigi Cuzzolin (Bergamo). Zur Verwendung von *speculum/speculatio* in der Scholastik vgl. Dardano (1994: 527).

- padri caritativi che se l'adottavano per prole di proprio ingegno (barmherzige Pflegeväter, welche die arme Waise als Kind ihres eigenen Gedankens annahmen).[22]

Zusammenfassend antizipiert er, wie er bei der Ausführung seines Vorhabens verfahren wird. Er betont die mathematische Grundlage seiner Argumentation (*procedendo in pura ipotesi matematica*) und schränkt seinen Anspruch ein, indem er erklärt, nicht die Überlegenheit des heliozentrischen Weltbildes schlechthin beweisen zu wollen, sondern den Erkenntnisfortschritt plausibel zu machen (*cercando di rappresentarla superiore non ... assolutamente, ma ...*) gegenüber einer tradierten Sichtweise des Kosmos, wie sie von den Anhängern des aristotelisch-ptolomäischen Weltbildes vertreten wird:

- procedendo in pura ipotesi matematica, cercando … di rappresentarla superiore, non a quella della fermezza della Terra assolutamente, ma secondo che si difende da alcuni che, di professione Peripatetici, … (wobei ich von seinem System ganz nach mathematischer Weise als von einer Voraussetzung ausgehe und … nachzuweisen versuche, dass dieses System dem von der Unbewegtheit der Erde zwar nicht schlechthin überlegen ist, wohl aber in Ansehung der Gegengründe, die von den zünftigen Peripatetikern vorgebracht werden. …).

Im Anschluss an diese erste Orientierung der Leserschaft legt Galilei seinen Handlungsplan dar. Seine Ankündigungen haben den Charakter von Textkommentierungen bzw. *advance organisers* (s. hierzu Graefen 2000a und im Folgenden Punkt 3 und 4). Die jeweiligen Handlungsschritte werden benannt (*trattare, mostrare, esaminare, proporre*) und ihrer Reihenfolge nach (*prima, secondariamente, nel terzo luogo*) erläutert:

- Tre capi principali si tratteranno (Drei Hauptpunkte werden erörtert werden)
- Prima cercherò di mostrare tutte l'esperienze fattibili nella Terra essere mezi [sic] insufficienti a concluder la sua mobilità, ma indifferentemente da potersi adattare così alla Terra mobile, come anco quiescente; … (Zuerst werde ich zu beweisen suchen, daß alle auf Erden anstellbaren Versuche ungenügende Mittel sind, um deren Bewegung darzutun, daß solche vielmehr unterschiedslos ebenso wohl mit der Bewegung wie mit der Ruhe der Erde vereinbar sind …)
- Secondariamente si esamineranno li fenomeni celesti, rinforzando l'ipotesi copernicana come se assolutamente dovesse rimaner vittoriosa … (Zweitens werden die Himmelserscheinungen einer Prüfung unterzogen werden, welche so sehr zu Guns-

22 Ob es sich dabei, wie in einer Anmerkung zur deutschen Übersetzung (Galilei 1982 [1891]: 497, Anm. 4) angenommen wird, um Mönche handelt, die Gebrauch von Galileis Gedanken machten, braucht hier nicht entschieden zu werden.

ten der kopernikanischen Annahme ausfällt, als ob diese siegreich daraus hervorgehen sollte ...)

- Nel terzo luogo proporrò una fantasia ingegnosa. (Drittens werde ich eine geistreiche Phantasie zur Sprache bringen.).

Bei den Hinweisen zu Anliegen und Aufbau des Dialogs setzt Galilei verschiedene Signale einer Einschränkung seines Anspruchs (z.B. *cercando di rappresentarla superiore*, *cercherò di mostrare*). Solche Modalisierungen sind im Zusammenhang mit der eristischen Dimension seiner Argumentation zu sehen. Um eine objektive Grundlage für seine Beweisführung zu schaffen, stellt Galilei Verfahren in Frage, die – sofern sie auf der Erde durchgeführt werden – bereits von der Voraussetzung her keine stichhaltige Begründung oder Ablehnung der These von der Erdbewegung zulassen (*tutte l'esperienze fattibili nella Terra* essere *mezi* [sic] *insufficienti a concluder la sua mobilità, ma indifferentemente da potersi adattare così alla Terra mobile, come anco quiescente*). Dass Galilei bemüht ist, seine Argumentation auf eine sachliche Grundlage zu stellen, zeigt sich auch dann, wenn er durch erläuternde Hinzufügungen deutlich macht, dass er sich der Aussagekraft, aber auch der Grenzen eingesetzter Verfahren bewusst ist:

- aggiungendo nuove speculazioni, le quali però servano per facilità d'astronomia, non per necessità di natura (dabei werden neue Forschungen vorgeführt, die als astronomische Hilfsmittel zu betrachten sind, nicht aber als tatsächliche Naturgesetze).

Was den Fortschritt seiner Beweisführung gegenüber tradierten Wissensbeständen und den Neuigkeitswert seiner Beobachtungen zu dem (bekanntlich fälschlicherweise) angenommenen Zusammenhang der Erdrotation und den Gezeiten betrifft, gibt sich Galilei zunächst bescheiden. Er macht seine Zurückhaltung erneut durch modalisierende Einschübe (*spero che,*) und konditionale Markierungen (*potrebbe ricevere qualche luce, ammesso ...; probabilità che lo renderebbero persuasibile*) kenntlich. Gleichzeitig zeigt er jedoch wissenschaftliches Selbstbewusstsein, indem er die eigene Forschungsleistung als publikationswürdig beurteilt (*ho giudicato palesare*):

- spero che in questo caso si paleseranno molte osservazioni ignote all'antichità (bei diesem Anlaß werden, wie ich hoffe, viel dem Altertum unbekannte Beobachtungen zur Sprache kommen)
- l'ignoto problema del flusso del mare potrebbe ricever qualche luce, ammesso il moto terrestre (daß auf das dunkle Problem von Ebbe und Flut einiges Licht fallen könnte, sobald man die Bewegung der Erde einräumen wollte)

- ho giudicato palesare quelle probabilità che lo renderebbero persuasibile, dato che la Terra si muovesse (habe ich es für richtig gehalten, die Gründe darzulegen, welche die Sache plausibel machen unter der Annahme, dass die Erde sich bewege).

Die Vorrede lässt nicht nur Rückschlüsse auf die Persönlichkeit Galileis als Wissenschaftler zu, sie vermittelt auch den Eindruck von einem rhetorisch versierten Autor, der bemüht ist, seine Auffassung von der Bewegung der Erde glaubhaft und nachvollziehbar zu vermitteln. Er bedient sich dazu verschiedener Strategien: indem er seiner Leserschaft Orientierungshilfen an die Hand gibt, sein Anliegen sowie seine Herangehensweise deutlich macht und indem er sich um sachliche Ausgewogenheit bemüht.

Dieser Eindruck von der Forscherpersönlichkeit Galileis bestätigt sich im Verlaufe der Debatte unter den Dialogpartnern (Salviati, Sagredo, Simplicio), auch wenn Galilei nun im Hintergrund bleibt. Einen Eindruck von der – in der Vorrede eingeleiteten – Thematisierung unterschiedlicher Verfahren wissenstheoretischer Erarbeitung gewinnt man bei einem Blick auf die einleitenden Passagen der vier Gesprächstage. Einige Auszüge werden im Folgenden zunächst zusammenhängend aufgeführt und dann in Auszügen besprochen.

Tab. 2.2: *Aus dem Eröffnungsabschnitt zum ersten Tag des* Dialogo sopra i due massimi sistemi del mondo *und der deutschen Übersetzung* (Dialog über die beiden hauptsächlichsten Weltsysteme)

Giornata Prima (Galilei 1970 [1632]: 6)	Erster Tag (Galilei 1982 [1891]: 9)
SALV. Fu la conclusione e l'appuntamento di ieri, che noi dovessimo in questo giorno discorrere, quanto più distintamente e particolarmente per noi si potesse, intorno alle ragioni naturali e loro efficacia, che per l'una parte e per l'altra sin qui sono state prodotte da i fautori della posizione Aristotelica e Tolemaica e da i seguaci del sistema Copernicano. E perché collocando il Copernico la Terra tra i corpi mobili del cielo, viene a farla essa ancora un globo simile a un pianeta, sarà bene che il principio delle nostre considerazioni sia l'andare esaminando quale e quanta sia la forza e l'energia de i progressi peripatetici nel dimostrare come tale assunto sia del tutto impossibile; attesoché sia necessario introdurre in natura sustanze diverse tra di loro, cioè la celeste e la elementare, quella impassibile ed immortale, questa alterabile e	SALV. Bei unseren gestrigen Gesprächen sind wir schließlich überein gekommen, heute so klar als möglich diejenigen natürlichen Gründe auf ihre Beweiskraft hin zu prüfen, welche zu Gunsten der einen und der anderen Ansicht von den Verehrern der aristotelischen-ptolemäischen Lehre einerseits und von den Anhängern des kopernikanischen Systems andererseits bisher vorgebracht worden sind. Da nun Kopernikus die Erde zu den bewegten Himmelskörpern rechnet und demgemäß sie als einen Ball gleich den Planeten betrachtet, so werden wir zweckmäßig zunächst untersuchen, wie es um die Triftigkeit und Überzeugungskraft derjenigen peripatetischen Schlüsse steht, welche erweisen sollen, eine solche Annahme sei schlechthin unmöglich, insofern in der Natur zweierlei verschiedene Substanzen zu unterscheiden seien, eine

caduca. Il quale argomento tratta egli ne i libri del Cielo, insinuandolo prima con discorsi dependenti da alcuni assunti generali, e confermandolo poi con esperienze e con dimostrazioni particolari. Io, seguendo l'istesso ordine, proporrò, e poi liberamente dirò il mio parere, esponendomi alla censura di voi, ed in particolare del signor Simplicio, tanto strenuo campione e mantenitore della dottrina Aristotelica.	himmlisch und eine elementare, jene unveränderlich und unzerstörbar, diese veränderlich und vergänglich. Diesen Gegenstand behandelt er in der Schrift 'Über den Himmel', indem er zunächst seine Ansicht von gewissen allgemeinen Gesichtspunkten aus wahrscheinlich zu machen sucht und sie dann durch speciellere Erfahrungen und Beweise stützt. Ich will den Gegenstand in der nämlichen Reihenfolge behandeln und dann meine Ansicht freimütig mitteilen; ich lasse mir dabei gerne eure Kritik gefallen, insbesondere die des Signore Simplicio, eines so eifrigen Kämpen und Verteidigers der aristotelischen Lehre.

Erneut wird hier ein Handlungsplan dargelegt, in diesem Fall durch den Florentiner Salviati. Er nimmt zunächst auf die Übereinkunft der Diskutanten Bezug, die jeweiligen Begründungen der beiden Weltsysteme einer Prüfung zu unterziehen. Dies entspricht dem Anliegen, das Galilei in seiner Vorrede antizipiert hatte.

- … la conclusione …, che noi dovessimo … discorrere, quanto più distintamente e particolarmente per noi si potesse, intorno alle ragioni e loro efficacia … (sind wir schließlich überein gekommen, heute so klar als möglich diejenigen natürlichen Gründe auf ihre Beweiskraft hin zu prüfen …).

Im Anschluss an diese erste Ankündigung, in der sich bereits die eristische Dimension des *Dialogo* andeutet, werden Leitgedanken in Erinnerung gerufen, die das forschungsbezogene Handeln und den Prozess der Erkenntnisgewinnung seitens der Vertreter der beiden Auffassungen vom System des Kosmos bestimmt haben:

- ragioni … che per l'una parte e per l'altra sin qui sono state prodotte da i fautori della posizione Aristotelica e Tolemaica e da i seguaci del sistema Copernicano. (Gründe …, welche zu Gunsten der einen und der anderen Ansicht von den Verehrern der aristotelischen-ptolemäischen Lehre einerseits und von den Anhängern des kopernikanischen Systems andererseits bisher vorgebracht worden sind)

Salviati resümiert zunächst die These von der Erdbewegung, die dem kopernikanischen Weltbild zugrunde liegt:

- collocando il Copernico la Terra tra i corpi mobili del cielo, viene a farla essa ancora un globo simile a un pianeta … (Da nun Kopernikus die Erde zu den bewegten

Himmelskörpern rechnet und demgemäß sie als einen Ball gleich den Planteten betrachtet...),

und geht dann über zu deren Infragestellung seitens der Anhänger des aristotelisch-ptolomäischen Weltbildes, die er auf ihre Stichhaltigkeit prüfen will:

- sarà bene che il principio delle nostre considerazioni sia l'andare esaminando quale e quanta sia la forza e l'energia de i progressi peripatetici nel dimostrare come tale assunto sia del tutto impossibile (so werden wir zweckmäßig zunächst untersuchen, wie es um die Triftigkeit und Überzeugungskraft derjenigen peripatetischen Schlüsse, welche erweisen sollen, eine solche Annahme sei schlechthin unmöglich).

Nach einem Rückblick auf die unterschiedlichen Ausgangsthesen von Kopernikus und Aristoteles kehrt Salviati zu seinem Handlungsplan zurück und kündigt an, – wie Aristoteles – ein deduktives Verfahren anzuwenden. Dabei unterstreicht er seine Bereitschaft, sich der kritischen Beurteilung auszusetzen:

- prima con discorsi dependenti da alcuni assunti generali, ... poi con esperienze e con dimostrazioni particolari (zunächst ... von gewissen allgemeinen Gesichtspunkten aus ... dann durch speciellere Erfahrungen und Beweise).
- Io, seguendo l'istesso ordine ...(ich will den Gegenstand in der nämlichen Reihenfolge behandeln ...).
- dirò liberamente il mio parere ([ich will] meine Ansicht freimütig mitteilen)
- esponendomi alla censura di voi (ich lasse mir dabei gerne eure Kritik gefallen).

Es wäre eine lohnenswerte Aufgabe, der Frage nachzugehen, wie bei der Gegenüberstellung beider Weltbilder die Strittigkeit der jeweiligen Argumente im Einzelnen thematisiert wird. Hier kann nur auf Indizien verwiesen werden, die sich aus dem Eröffnungsabschnitt zum zweiten Tag ergeben, wenn Sagredo das erste Ergebnis der Diskussionen vom Vortag resümiert und die Anschlussfrage antizipiert, die den folgenden Gedankenaustausch bestimmen soll:

Tab. 2.3: *Aus dem Eröffnungsabschnitt zum zweiten Tag* des Dialogo sopra i due massimi sistemi del mondo *und der deutschen Übersetzung* (Dialog über die beiden hauptsächlichsten Weltsysteme)

Seconda giornata (Galilei 1970 [1632]: 134)	Zweiter Tag (Galilei 1982 [1891]: 111-12.)
SAGR. (...) Per quello dunque che mi è restato in mente, fu la somma de i discorsi di ieri l'andar esaminando da i fondamenti loro, qual delle due opinioni sia più pro-	SAGR. (...) Sofern mich also mein Gedächtnis nicht täuscht, war der Hauptgegenstand unserer gestrigen Gespräche der, daß wir von Grund aus prüften, welche der

babile e ragionevole: quella che tiene, la sustanza de i corpi celesti esser ingenerabile, incorruttibile, inalterabile, impassibile, ed in somma esente da ogni mutazione, fuor che dalla locale, (...) o pur l'altra che, (...) reputa la Terra (...) esser in somma un globo mobile e vagante non men che la Luna, Giove, Venere o altro pianeta. (...) Ed avendo finalmente concluso, questa seconda opinione aver più del verisimile dell'altra, parmi che 'l progresso ne tirasse a cominciare a esaminare se la Terra si deva stimare immobile, come da i più è stato sin qui creduto, o pur mobile, come alcuni antichi filosofi credettero ed altri da non molto tempo in qua stimano, e se mobile, qual possa essere il suo movimento.	beiden Meinungen wahrscheinlicher und begründeter sei: diejenige, nach welcher die Substanz der Himmelskörper unerzeugbar, unzerstörbar, unveränderlich, unempfindlich, kurz abgesehen von der Ortsveränderung jedem Wechsel entrückt ist, (...); oder die andere Ansicht, nach welcher (...) die Erde vielmehr sich derselben Vorzüge erfreut, wie die übrigen das Weltall zusammensetzenden Körper, mit einem Worte ein freibewegter Ball ist, so gut wie der Mond, Jupiter, Venus oder ein anderer Planet. (...) Nachdem wir schließlich zu dem Ergebnis gekommen sind, diese zweite Meinung habe die größere Wahrscheinlichkeit für sich, verlangt es, wie mir scheint, die Folgerichtigkeit, daß wir die Frage prüfen, ob die Erde für unbeweglich zu halten, wie bisher von den meisten geglaubt wurde, oder für beweglich, wie einige Philosophen des Altertums glaubten und einige neuerdings meinen: und wenn für beweglich, wie beschaffen ihre Bewegung sein mag.

Diese Passage vermittelt einen Eindruck, wie im *Dialogo* auf eine Befürwortung des kopernikanischen Systems hingearbeitet wird. Sagredo ruft in seiner Rolle als Moderator zunächst die Diskussionsschwerpunkte des vergangenen Tages in Erinnerung (*fu la somma de i discorsi di ieri l'andar esaminando da i fondamenti loro, qual delle due opinioni sia più probabile e ragionevole*), um dann festzuhalten, dass die Dialogpartner übereingekommen seien, der Erde keine Sonderstellung unter den Planeten zuzusprechen. Daran anknüpfend stellt er die Frage nach der Art der Erdbewegung, d.h. nach deren Achsendrehung.

Dass es sich um eine Fragestellung von hoher Strittigkeit handelt, lässt sich an verschiedenen Signalen wissenschaftskommunikativer Vorsicht ablesen, beginnend bei der Einführung (*Per quello dunque che mi è restato in mente*), über den Hinweis auf die höhere Plausibilität der Annahme einer Vergleichbarkeit der Planeten (*questa seconda opinione aver più del verisimile dell'altra*) bis hin zu dem modalisierten Einschub (*parmi che*), mit dem zur nächsten Handlungsankündigung übergeleitet wird (*che 'l progresso ne tirasse a cominciare a esaminare ...*).

Sagredos Rolle als Moderator des Gesprächs zeigt sich auch in den folgenden Sequenzen aus den einleitenden Abschnitten zum vierten Tag des *Dialogo*. Sie bereiten die argumentative Grundlage bezüglich des von Galilei angenommenen Zusammenhangs zwischen den Gezeiten und der Bewegung der Erde vor, der bereits in der Vorrede angesprochen wurde.[23] Dieser Zusammenhang soll im vierten Tag ausgeführt werden.

Tab. 2.4: *Aus dem* Dialogo sopra i due massimi sistemi del mondo *und der deutschen Übersetzung* (Dialog über die beiden hauptsächlichsten Weltsysteme): *vierter Tag (Abschnitte zwei und drei)*

Quarta giornata (Galilei 1970 [1632]: 537)	Vierter Tag (Galilei 1982 [1891]: 435-436)
SALV. (...) Io, doppo aver più e più volte meco medesimo esaminati gli effetti ed accidenti, parte veduti e parte intesi da altri, che ne i movimenti dell'acque si osservano, e più lette e sentite le gran vanità prodotte da molti per cause di tali accidenti, mi son quasi sentito non leggiermente tirare ad ammettere queste due conclusioni (fatti però i presupposti necessari): che quando il globo terrestre sia immobile, non si possa naturalmente fare il flusso e reflusso del mare; e che quando al medesimo globo si conferiscano i movimenti già assegnatili, è necessario che il mare soggiaccia al flusso e reflusso, conforme a tutto quello che in esso viene osservato.	SALV. Nachdem ich wieder und immer wieder die selbstbeobachteten und von anderen mitgeteilten Erscheinungen und Besonderheiten bei mir erwogen habe, die bei den Bewegungen der Gewässer wahrzunehmen sind, nachdem ich gar die nichtigen Erklärungen dieser Erscheinungen seitens anderer gelesen, habe ich mich stark in Versuchung gefühlt, folgenden beiden Thesen — unter den notwendigen Voraussetzungen — meine Billigung zu erteilen. Ist der Erdball unbeweglich, so kann von Natur aus keine Ebbe und Flut stattfinden; giebt man ihm aber die Bewegungen, die ihm schon ohnehin zugeschrieben werden, so muß das Meer ganz in der den Beobachtungen entsprechenden Weise der Ebbe und Flut unterliegen.
SAGR. La proposizione è grandissima, sì per se stessa, sì per quello ch'ella si tira in conseguenza; onde io tanto più attentamente ne starò a sentire la dichiarazione e confermazione.	SAGR. Der Satz ist hochbedeutsam, sowohl um seiner selbst willen, wie auch der aus ihm entspringenden Folgen wegen. Um so gespannter sehe ich der Erläuterung und Bestätigung dieser Behauptung entgegen.

23 Galilei glaubte, mit der Rückführung der Gezeiten auf die Erdbewegung die Richtigkeit des kopernikanischen Weltbildes bestätigen zu können.

Salviati unterstreicht hier zunächst die empirische Grundlage seiner Hypothesen. Sie basieren auf eigener und fremder Beobachtung (*parte veduti e parte intesi da altri, che ne i movimenti dell'acque si osservano*). Bei der Beurteilung vorliegender Erklärungen zu den Gezeiten hält er sich nicht mit Kritik zurück (*lette e sentite le gran vanità prodotte da molti per cause di tali accidenti*). Auf dieser Grundlage und unter Hinweis auf die Rahmenbedingungen seiner Beweisführung (*fatti però i presupposti necessari*) schließt er darauf, dass es bei Unbeweglichkeit der Erde nicht zu Ebbe und Flut kommen könne (*quando il globo terrestre sia immobile, non si possa naturalmente fare il flusso e reflusso del mare*). Bestätige man dagegen die Bewegung der Erde, ließen sich folgerichtig auch die Gezeiten erklären (*quando al medesimo globo si conferiscano i movimenti già assegnatili, è necessario che il mare soggiaccia al flusso e reflusso*), in Übereinstimmung all dessen, was eine Meeresbeobachtung ergibt (*conforme a tutto quello che in esso viene osservato*).

Bei den schließend von Sagredo eingeforderten Erläuterungen und Bestätigungen (*ne starò a sentire la dichiarazione e confermazione*) zeigt sich Salviati bemüht, sich nicht auf die eigenen Beobachtungen zu beschränken, sondern von einer möglichst breiten empirischen Basis auszugehen:

Tab. 2.5: *Aus dem* Dialogo sopra i due massimi sistemi del mondo *und der dt. Übersetzung* (Dialog über die beiden hauptsächlichsten Weltsysteme): *vierter Tag*

Quarta giornata (Galilei 1970 [1632]: 538)	Vierter Tag (Galilei 1982 [1891]: 436-437)
SALV. (…) conviene di molte cose starmene alle relazioni di altri, le quali, essendo per lo più non ben concordi, e per conseguenza assai incerte, confusione più tosto che confermazione possono arrecare alle nostre specolazioni. Tuttavia da quelle che aviamo sicure, e che son anco le principali, parmi di poter pervenire al ritrovamento delle vere cause e primarie; non mi arrogando di potere addur tutte le ragioni proprie ed adequate (…). E quello che io son per dire, lo propongo solamente come una chiave che apra la porta di una strada non mai più calpestata da altri, con ferma speranza che ingegni più specolativi del mio siano per allargarsi e penetrar più oltre assai di quello che avrò	SALV. (…) in vielen anderen Dingen muß ich mich auf fremde Berichte beziehen. Diese stimmen größtenteils schlecht überein, sind also sehr unzuverlässig und können daher in unsere Betrachtungen eher Verworrenheit bringen als ihnen zur Bestätigung dienen. Gleichwohl glaube ich, von den verbürgten und zugleich wichtigsten Thatsachen ausgehend, die wahren, ursprünglichen Ursachen auffinden zu können, ohne daß ich mir jedoch anmaße alle Gründe bis ins einzelne hinein beibringen zu können (…). Was ich zu sagen gedenke, möchte ich nur als den Schlüssel betrachtet wissen, der das Zugangsthor einer noch niemals betretenen Straße erschließt; ich lebe der zuversichtlichen Hoffnung, daß Männer von tiefer eindringendem Geiste als

fatto io in questa mia prima scoperta: (...)	ich sehr viel weiter fortschreiten und vorwärts gelangen, als es mir bei dieser ersten Entdeckungsreise gelungen ist. (...)

Salviati nimmt hier erneut auf andere Forschungen, Beobachtungen und Kommentare Bezug, betont aber im gleichen Zusammenhang deren großenteils geringe Übereinstimmung (*relazioni di altri, le quali, essendo per lo più non ben concordi, e per conseguenza assai incerte*), die keine weiterführende Einsicht oder Bestätigung seiner Annahmen gestattet (*confusione più tosto che confermazione possono arrecare alle nostre specolazioni*).

Unter Berufung auf andere Quellen und als zuverlässig bewertete Wissensbestände (*da quelle che aviamo sicure, e che son anco le principali*) stellt er in Aussicht, den Nachweis zu erbringen, wodurch die Gezeiten tatsächlich verursacht werden (*parmi di poter pervenire al ritrovamento delle vere cause e primarie*). Dabei hebt er zum einen den Neuigkeitswert seiner Beweisführung hervor (*una strada non mai più calpestata da altri*), zum anderen signalisiert er Bescheidenheit, indem er den Anspruch auf Vollständigkeit seiner Ausführungen einschränkt (*non mi arrogando di potere addur tutte le ragioni proprie ed adequate*; *lo propongo solamente come una chiave*; *in questa mia prima scoperta*). Ob er auf diese Weise die Vorläufigkeit seiner Erkenntnisse kenntlich machen wollte, wäre in einer gesonderten Untersuchung zu prüfen. Festzuhalten ist, dass bei der Auseinandersetzung zwischen den drei Dialogpartnern gezielt auf eine progressive Bestätigung der Erdrotation und deren Zusammenhang mit den Gezeiten als Bestätigung des heliozentrischen Weltbildes hingearbeitet wird.

Bei diesem Prozess wird der Leser systematisch einbezogen. Neben den bereits besprochenen Hinweisen zu Anliegen und Vorgehensweise ist hier ein weiteres Merkmal von Galileis Wissenschaftsprosa zu erwähnen, auf das Altieri Biagi (1990: 81-84) in ihren Studien zur Syntax von Galileo hingewiesen hat. Gemeint sind eingeschobene Sätze, die im italienischen Text in der Regel durch Klammersetzung hervorgehoben sind, wie etwa: *(e questo è più credibile), (come dicevamo), (notate bene), (come a suo luogo dimosterò).* Altieri Biagi (1990: 81 f.) schreibt solchen *frasi incidentali* eine metakommunikative Funktion zu: "esse [= frasi incidentali] infatti dispondendosi su 'piani diversi' da quello dell'enunciazione, collaborano a dare spessore comunicativo al discorso".

Was Altieri Biagi mit *collaborare a dare spessore comunicativo al discorso* meint, wird bei einem Blick auf die fünf von ihr unterschiedenen Kategorien solcher Einschübe sowie deren Funktionsbestimmung deutlicher. Die jeweiligen

Erläuterungen werden im Folgenden zusammen mit Beispielen aus dem *Dialogo* wiedergegeben.

1. Präzisierung in Hinblick auf Geltung bzw. Wahrscheinlichkeitsgrad der Aussage: "affiancano all'enunciato un 'commento' che ne precisa la validità assoluta o relativa (in rapporto a chi parla o ad altri), o il grado di probabilità" (Altieri Biagi 1990: 82), wie etwa:

   SALV. ... trovato *(come in effetto è)* che Giove si muove più velocemente, conviene che, ... Giove sia sceso più che Saturno ... / ... Findet man dann, *wie es thatsächlich der Fall ist,* daß Jupiter sich schneller bewegt, so muß, ... Jupiter tiefer gefallen sein als Saturn, ... (Galilei 1970 [1632]: 33/Galilei 1982 [1891]: 31)

2. Kohäsionsstiftung durch Vor- und Rückverweise innerhalb des Textes: "rinviano a luoghi precedenti (richiamandoli alla memoria) o seguenti (preannunciandoli); questi legami anaforici e cataforici creano *coesione* a distanza fra diverse parti del testo" (Altieri Biagi 1990: 82), z.B.:

   SALV. ... assai è che il medesimo Aristotile antepone *(come più volte s'è detto)* l'esperienze sensate a tutti i discorsi ... / ... sicher ist, daß eben jener Aristoteles, *wie mehrfach erwähnt,* den sinnlichen Erfahrungen vor allen Spekulationen den Vorrang einräumt ... (Galilei 1970 [1632]: 62/Galilei 1982 [1891]: 54)

3. Rezeptions- und Aufmerksamkeitssteuerung: "regolano conativamente la ricezione del messaggio; per esempio inducono il ricevente a focalizzare l'attenzione su un particolare elementi del discorso" (Altieri Biagi 1990: 83), wie etwa:

   SALV. ... Ma perché *(notate bene)* la lontananza del firmamento, in relazione alla piccolezza della Terra, come già s'è detto, si reputa come infinita, però l'angolo contenuto da i raggi che tirati da i punti A, E andassero a terminare in una stella fissa, si stima come nullo, ed essi raggi come due linee parallele; ... / ... Da aber, *merkt wohl,* die Entfernung des Firmaments im Vergleich zu der geringen Größe der Erde, wie gesagt, als unendlich groß betrachtet wird, darum läßt sich der Winkel der von A und E nach einem Fixstern gezogenen Strahlen als verschwindend ansehen und besagte Strahlen selbst als parallele Linien. ... (Galilei 1970 [1632]: 366/Galilei 1982 [1891]: 302)

4. Rechtfertigung einer ungewöhnlichen Wortwahl: "attenuano l'impatto che una parola o un termine insoliti (o comunque bisognosi di essere espressi con qualche 'riguardo verbale') possono produrre sul destinatario del messaggio" (Altieri Biagi 1990: 83), wie etwa:

SALV. … Ma *(siami permesso d'usar questo termine)* la pusillanimità de gl'ingegni comuni è giunta a segno, che non solamente alla cieca fanno dono, anzi tributo, del proprio assenso a tutto quello che trovano scritto da quelli autori che nella prima infanzia de' loro studii gli furono accreditati da i lor precettori, trovano scritto da quelli autori che nella prima infanzia de' loro studii gli furono accreditati da i lor precettori, ma recusano di ascoltare, non che di esaminare, qual si sia nuova proposizione o problema, benché non solamente non sia stato confutato, ma né pure esaminato né considerato, da i loro autori: … / … Die Beschränktheit der Alltagsgeister, *wenn ich dieses Wort gebrauchen darf,* ist nun schon so weit gediehen, daß sie nicht nur blindlings ihren Beifall zum Geschenk, ja zum Tribut hingeben dem gegenüber, was sie in den Büchern ihrer Autoren geschrieben finden, jener Autoren, die ihnen in der frühesten Kindheit ihrer Studien von ihren Lehrern angepriesen wurden, nein sie weigern sich auch jedwede neue Lehre, jedes Problem nur anzuhören, geschweige denn zu prüfen, wiewohl ihre Autoren die Sache nicht nur nicht widerlegt, sondern nicht einmal erwogen und geprüft haben… (Galilei 1970 [1632]: 516 / Galilei 1982 [1891]: 418 f.)

5. Erläuterung bzw. Bereitstellung von Zusatzinformationen, die gleichzeitig zur Auflockerung der Syntax beitragen: "forniscono una spiegazione o una informazione accessoria, sottraendola alla linea del discoro e quindi evitando un suo appesantimento" (Altieri Biagi 1990: 83), wie etwa:

SALV. Apprendendosi similmente a due fili ancor più deboli dell'altro, l'uno de' quali è pur legato alla refrazione, ma tanto men saldamente, …. L'altro refugio è ancora più infelice e tiene assai del ridicolo, fondandosi sopra l'errore che può nascere nell'operazione stessa strumentale, mentre che l'osservatore, non potendo costituire il centro della pupilla dell'occhio nel centro del sestante *(strumento adoprato nell'osservare gl'intervalli tra due stelle)*, ma tendendolo elevato sopra detto centro quant'è la distanza di essa pupilla da non so che osso della gota, dove s'appoggia il capo dello strumento, si viene a formar nell'occhio un angolo più acuto di quello che si forma da i lati del sestante. / Es sind zwei noch dünnere Fäden, an die er sich hier klammert. Einmal hält er sich auch hier wieder an die Refraktion, aber mit noch viel weniger Grund: …. Die andere Ausflucht ist noch unglücklicher und streift stark ans Lächerliche. Sie gründet sich auf einen Irrtum, der angeblich bei dem Gebrauche des Instruments entstehen kann. Da nämlich der Beobachter nicht imstande ist, den Mittelpunkt der Pupille des Auges in den Mittelpunkt des Sextanten zu bringen – *dieses Instrumentes bedient man sich nämlich, um die Entfernung zweier Sterne zu bestimmen* – sondern da er gezwungen ist, das Auge oberhalb jenes Mittelpunkts zu halten und zwar um die Entfernung der Pupille von einem gewissen Backenknochen, an welchen der Kopf des Instrumentes angelegt wird, so ist der Winkel, dessen Scheitel am Auge liegt, spitzer als der von den Seiten des Sextanten gebildete (Galilei 1970 [1632]: 408 / Galilei 1982 [1891]: 330f.)

Die Beispiele veranschaulichen, dass die *frasi incidentali* einer übergeordneten Zwecksetzung unterliegen. Hervorhebungen, Präzisierungen sowie Adressatenorientierung durch Textdeixis oder Erläuterungen des Wortschatzes stehen als Mittel der Verständnissicherung im Dienst des kooperativen Handelns zwischen dem Autor Galilei und seiner Leserschaft.

Zusammenfassend lässt sich festhalten, dass Galileis Beitrag zur Herausbildung einer modernen italienischen Wissenschaftsprosa auf verschiedenen Ebenen zum Ausdruck kommt. Seine Sprachenwahl ist programmatisch. Sie basiert zum einen auf dem Glauben an die Leistungsfähigkeit des Italienischen. Zum anderen unterstreicht sie die Abgrenzung von tradierten Lehrmeinungen und Autoritäten. Die Vermittlung von Erkenntnisfortschritt bedarf eines neuen Mediums. Sie bedarf aber auch der Einbeziehung des Lesers, der – wie die besprochenen Auszüge aus dem *Dialogo* veranschaulicht haben – in seinem Rezeptionsprozess gezielt unterstützt wird.

Bei einem Vergleich des italienischen Ausgangstexts und der deutschen Übersetzung treten einige Unterschiede zutage, zum Beispiel in Hinblick auf den Verbwortschatz, insbesondere die Verben, die zur Bezeichnung von Handlungen dienen, die unmittelbar mit dem Forschungsprozess selbst zusammenhängen. Zwei Verfahren seien hier festgehalten – auch in Hinblick auf die Fallstudien im empirischen Teil dieses Bandes:

- Häufig wählt der Übersetzer bei der Wiedergabe von Verben analytische Konstruktionen, so etwa im Fall von
  concludere → zu einem Ergebnis kommen;
  difendere → Gegengründe vorbringen;
  esaminare → einer Prüfung unterziehen
  giudicare → für richtig halten;
  palesare → Gründe darlegen
  proporre → zur Sprache bringen.

- In manchen Fällen nimmt der Übersetzer bei der Wiedergabe desselben italienischen Verbs Differenzierungen vor, so etwa bei
  esaminare → erwägen, prüfen / einer Prüfung unterziehen / untersuchen;
  trattare → behandeln / erörtern.

Nun liegen zwischen dem Erscheinen des italienischen Originals (1632) und der deutschen Übersetzung (1891) – wie eingangs erwähnt – gut 250 Jahre. Die deutsche Wissenschaftssprache hat sich in dieser Zeit von dem Primat des Lateinischen gelöst, ihr Strukturausbau ist weit fortgeschritten. Auf diese Phase in der Entwicklung der deutschen Sprache wird im Folgenden eingegangen.

2.2 Zur Entwicklung des Deutschen als Wissenschaftssprache

Die Vorherrschaft des Lateinischen als Universalsprache wissenschaftlicher Gelehrsamkeit hält im deutschen Sprachraum vergleichsweise lange an. Die Hindernisse auf dem Weg der Herausbildung einer deutschen Wissenschaftssprache werden durch historische Faktoren mitbedingt, durch das Fehlen eines Nationalstaates und damit einer Hauptstadt oder zumindest eines kulturellen Zentrums – wie Paris, London oder Florenz. Das Territorium der deutschen Staaten ist zersplittert, und auch das Heilige Römische Reich deutscher Nation trägt nicht zu der Herausbildung einer nationalen Einheit bei. Darüber hinaus ist die Entwicklung der deutschen Wissenschaftssprache nicht losgelöst von der Herausbildung einer hochdeutschen überregionalen Schriftsprache zu betrachten:

> Eine weitgehend durchgesetzte oder sich im Stadium der Durchsetzung befindlichen (…) Schriftsprachennorm beeinflusst die Rezeptionsgeschwindigkeit einer Wissenschaftssprache erheblich und macht sie gegenüber dem Lateinischen erst wirklich konkurrenzfähig. (Menzel 1996: 64)

Die Emanzipation von der lateinischen Wissenschaftssprache bereitet sich vor allem im 17. Jahrhundert vor und ist in Zusammenhang mit der Überwindung einer allgemeinen Sprachkrise zu sehen, die sich im deutschen Sprachraum verbreitet hatte. Die Unzufriedenheit seitens deutscher Intellektueller mit dem Zustand der deutschen Sprache wird bestimmt "durch eine Sprachspaltung der Gesellschaft, nämlich das kaum vermittelte Nebeneinander aus deutscher Volkssprache und den Gelehrten- und Politikersprachen Latein und Französisch und, damit zusammenhängend, durch Mängel im Gebrauch und in der Entwicklung der deutschen Sprache" (Stickel 1999: 16). Die kritische Bewertung des Deutschen bedingt das Bedürfnis nach Aufwertung, deren Umsetzung sich freilich sehr unterschiedlich artikuliert.

Wie Blackall (1959) in den einleitenden Kapiteln seiner umfassenden Abhandlung *The Emergence of German as a Literary Language* deutlich macht, gebührt den sprachtheoretischen und -praktischen Beiträgen von Leibniz, Thomasius und Wolff zum Ausbau des Deutschen als Wissenschaftssprache besondere Aufmerksamkeit. Schiewe (2000: 87) spricht sogar von "drei Hauptakteuren", die in der Frühaufklärung den Übergang vom Lateinischen zum Deutschen im Wissenschaftsbetrieb geprägt haben.

Gottfried Wilhelm Leibniz, der eine Verbesserung des Deutschen – insbesondere für abstrakte Ausdruckserfordernisse – anmahnt, bezieht eine theoretische Position, bleibt in seinem Verhältnis zur eigenen Muttersprache aber zwiespältig, denn für seine Veröffentlichungen und für seine wissenschaftliche Korrespondenz bedient er sich weiterhin des Lateinischen und Französischen.

Der Ablösungsprozess vom Lateinischen als akademischer Unterrichtssprache wurde entscheidend von Christian Thomasius beeinflusst, dessen Vorlesungsankündigung in deutscher Sprache 1687 an der Universität Leipzig für Skandal gesorgt hatte. Thomasius verließ Leipzig, um nach Halle zu gehen, und war an der Etablierung des Deutschen an der dortigen Universität entscheidend beteiligt. Sein Beitrag zeigt deutlich, dass die Emanzipation vom Primat des Lateinischen nicht nur eine sprachliche Frage war:

> Latein ist nicht nur eine Sprache, die der Verständigung dient, sein Gebrauch und Stil sind Ausdruck sozialer Norm, es ist von einem lange erprobten Nimbus der Dauer, Autorität, Wahrheit umgeben. (Pörksen 1999: 657)

Diese Norm wurde durch die Einführung des Deutschen als akademischer Verkehrssprache in Frage gestellt. Der Sprachenwechsel vom Lateinischen zum Deutschen war Mittel und Ausdruck einer neuen gesellschaftlichen Funktion der Wissenschaft, die sich von der (scholastischen) Autorität einer kanonisierten Überlieferung abwendet und neuen Auffassungen Raum gibt, die sich auch auf die Wissensvermittlung an der Universität auswirken. Diesen Funktionswandel meint Schiewe (1996: 8), wenn er betont, dass mit "dem Übergang vom Lateinischen zum Deutschen (...) nicht nur einfach wissenschaftliche Erkenntnisse von einer Sprache in die andere übersetzt, sondern Denkstile ausgetauscht [werden]."

Während der Beitrag von Thomasius – neuzeitlich ausgedrückt – vor allem sprachpolitisch bedeutend war, indem er die deutschen Sprache als akademische Unterrichtssprache etablierte, leistet Wolff einen grundlegenden Beitrag zum Strukturausbau der deutschen Wissenschaftssprache. Dabei systematisiert er – wie Ricken (1995: 42) hervorhebt – "nicht nur sprach- und zeichentheoretische Hypothesen von Leibniz, er entwickelt sie weiter und erfüllt Leibniz' Forderung nach Schaffung einer deutschen Wissenschaftssprache." Seine praktische Umsetzung dieses sprachtheoretischen Programms erfolgt nicht nur in der akademischen Lehre, sondern vor allem in seinen Abhandlungen zur *Welt=Weisheit* [= Philosophie], die neben Arbeiten zur Logik und Metaphysik zahlreiche Studien zu weiteren Fachgebieten einschließen. Wolff hat diese Schriften zunächst auf Deutsch publiziert, erst in einem zweiten Schritt gab er sie – in erweiterter Form – auch auf Latein heraus, um seine Auffassungen einem breiteren Publikum zugänglich zu machen, das mit der deutschen Sprache nicht ausreichend vertraut war.

Menzel, der die Bedeutung Christian Wolffs für die Herausbildung und Durchsetzung der deutschen Wissenschaftssprache rekonstruiert und die dabei eingesetzten Verfahren in Lexik, Syntax, Stil und Argumentationsaufbau an zahlreichen Beispielen verdeutlicht, sieht bei Wolff zwei Wirkungsabsichten:

> Einmal die Hebung und Verbesserung des allgemeinen Sprachgebrauchs (Bildungssprache) und dann die Etablierung einer dem Gelehrtenlatein gleichwertigen deutschen Fach- und Wissenschaftssprache. (Menzel 1996: 147)

Vorrangig geht es Wolff um eine sachlich fundierte Aufwertung des Deutschen für die wissenschaftliche Arbeit und für die Verbreitung ihrer Methoden und Ergebnisse. Darunter fällt in besonderer Weise die notwendige Erweiterung bestimmter Wortschatzbereiche bzw. die Einführung einer deutschen Wissenschaftsterminologie. Bei ihrer Erarbeitung lässt sich Wolff von Prinzipien leiten, die er in seiner Abhandlung *Ausführliche Nachricht von seinen eigenen Schriften, die er in deutscher Sprache von verschiedenen Theilen der Welt=Weisheit herausgegeben* (Wolff 1973 [1733]) offenlegt: zusammenfassend in der Vorrede, ausführlicher in Kapitel zwei (*Von der Schreib=Art des Autoris*).

Die Verdeutschung des lateinischen Vokabulars der Philosophie erfolgt weitgehend durch "Präzisierung umgangssprachlicher deutscher Ausdrücke (...) und eine Auswahl unter den schon von einzelnen Autoren benutzten deutschen Ausdrücken" (Arndt 1973: XIV). Das Verfahren, statt Neuprägung bereits vorhandenes Sprachmaterial heranzuziehen und die alltagssprachliche Bedeutung der Fachausdrücke (*Kunst=Wörter*) für wissenschaftliche Zwecke einzugrenzen, klingt bereits in der Vorrede Wolffs (1973 [1733]) an:

> Ich bringe alles bey / was man von meiner Schreib=Art zu behalten hat und zeige von allem in meinem Verfahren den Grund an / den ich dazu gehabt. Man findet zum einen die Ursachen / warum ich Deutsch und zwar rein Deutsch geschrieben; man findet die Regeln / nach welchen ich mich in den deutschen Kunst=Wörtern geachtet; man findet erwiesen / dass ich dadurch meine Schriften nicht dunckel gemacht / noch auch den Wörtern eine andere / als die gewöhnliche / obwohl eine abgemessene Bedeutung beygeleget. (Wolff 1973 [1733]: 4f.)

Den Grundprinzipien seiner *Schreib=Art*, auf die Wolff in der Vorrede hinweist, widmet er im dritten Kapitel der *Ausführlichen Nachricht* einen ganzen Abschnitt (§ 17). Seine Kriterien werden von Menzel (1996: 148f.) mit den Stichwörtern

- *Sprachökonomie*
- *sprachadäquate Benennungen und Vermeidung von Lehnübersetzungen*
- *Rückgriff auf die Gemeinsprache bei der Terminologiebildung*

zusammengefasst (vgl. ebenfalls Ricken 1995: 58). Wolff erläutert diese Leitgedanken (*die erste Regel, die andere Regel, die dritte Regel*), begründet sie und illustriert sie z.T. durch Beispiele:

Tab. 2.6: Aus Christian Wolffs Ausführliche Nachricht *(Wolff 1973 [1733]: 29-34)*

Die erste Regel	Wo mir ein deutsches Wort bekandt gewesen, das von andern anstatt eines lateinischen gebraucht worden, da habe ich kein neues erdacht, sondern das alte behalten. (29) (...) Aus dieser Ursache habe ich z.E. *concipere* im Deutschen durch das Wort gedencken gegeben (...) (30).
Die andere Regel	Ferner ist zu mercken, daß ich 2. die deutschen Kunst=Wörter nicht aus dem Lateinischen übersetzt habe, sondern sie vielmehr so eingerichtet, wie ich es der deutschen Mund=Art gemäß gefunden, und wie ich würde verfahren haben, wenn auch gar kein lateinisches Kunst=Wort mir wäre bekandt gewesen. (...) Dieses habe ich deswegen gethan, weil die Übersetzung der lateinischen Kunst=Wörter gemeiniglich im Deutschen übel klinget. (31)
Die dritte Regel	Die Hauptregel, darnach ich mich geachtet habe, ist diese, darnach ich erst jetzt in einigen Exempeln mein Verfahren gerechtfertigt habe, nemlich 3. dass ich die deutschen Wörter in ihrer ordentlichen Bedeutung nähme und darinnen den Grund der Benennung zu dem Kunst=Worte suchte. (34)

Diesen Grundregeln und dem in der Vorrede herausgestellten Verfahren folgend, greift Wolff auf bereits zur Verfügung stehendes Vokabular zurück und bleibt bei dem Gebrauch der Termini in der einmal festgelegten Bedeutung. Weitere Prinzipien, von denen sich Wolff bei seiner Arbeit leiten lässt, sind von Menzel (1996: 147-151) herausgearbeitet, erläutert und dokumentiert worden:

- *Vorrang der Sache vor dem Wort*

  Da es nun in den Wissenschafften nicht auf die Worte, sondern auf die Sachen ankommet, und man nicht darauf zu sehen hat, wenn man sie andern vortragen soll, daß Worte ins Gedächtnis fassen, sondern daß man ihnen einen Begriff von der Sache beybringe (...). (Wolff 1973 [1733]: 25; s. Menzel 1996: 147)

- *Adressatenbezogenheit und Orientierung am Leser*

  (...) so ist es nicht unbillig, sich in diesem Stücke nach der Fähigkeit der Zuhörer zu richten. (Wolff 1973 [1733]: 25; s. Menzel 1996: 148)

- *Sprachreinheit*

  (...) so schrieb ich auch auf eine solche Weise, wie es eine reine deutsche Mund=Art mit sich bringet. Ich habe mich nicht allein von ausländischen Wörtern enthalten, die man heute zu Tage in unsere deutsche Sprache häuffig mit einzumengen pfleget, sondern auch alle Redenarten vermieden, die unserer deutschen Mund=Art nicht gemäß, und bloß Übersetzungen von Redensarten sind, die man aus fremden Sprachen entlehnet. Eben so habe ich keine lateinischen Wörter untergemenget, weil sich diese so wenig in die deutsche Sprache, als die deutschen in die lateinische Sprache schicken. (Wolff 1973 [1733]: 26; s. Menzel 1996: 148)

- *Definitorische Terminologisierung und Bedeutungskonstanz*

  (...) daß ich kein Wort brauchte, welches ich nicht erkläret hätte, wodurch dem Gebrauch des Wortes sonst keine Zweydeutigkeit entstehen könnte, oder es an einem Grunde des Beweises fehlte. (Wolff 1973 [1733]: 52f; s. Menzel 1996: 150)

- *Sachorientierung, Präzision und Verwendungskonstanz*

  Meine Worte fallen, wie ich dencke. Und ich setze keine vergebens. Ich rede nicht so, weil es Mode ist in dergleichen Fällen so zu reden; sondern weil meine Gedancken, welche mir die Sachen vorstellen, diese und keine andere [sic] Worte erfordern. Derowegen brauche ich ein Wort, so offt ich an eine Sache gedencke und frage nichts darnach, ob es offte oder wenig vorkommet. (Wolff 1973 [1733]: 52; s. Menzel 1996: 150)

- *Nüchternheit des Stils*

  (...) daß ich niemahls mehr Worte gebraucht, als die Sache erfordert, und mich aller verblümten und hochtrabenden Redensarten enthalten. (Wolff 1973 [1733]: 51; s. Menzel 1966: 151)

Es ist zu betonen, dass Wolff also im Zuge seiner Arbeit am Ausbau der deutschen Wissenschaftssprache keinen neuen Wortschatz erfindet. Er orientiert sich an bestehendem Sprachmaterial, wählt aus, präzisiert in Hinblick auf die Verwendung für wissenschaftliche Zwecke und begründet seine Entscheidungen. Sein deduktiv-systematischer Ansatz spiegelt sich auch in der Syntax und im Textaufbau (s. hierzu und zum Syllogismus als Darstellungsprinzip ausführlich Menzel 1996: 196-222). Die terminologischen Festlegungen verbindet er mit einer Bedeutungsexplikation. Bei der Bedeutungspräzisierung nutzt er die Verfahren der Wortbildung, insbesondere der Komposition und der Derivation (s. Menzel 1996: 167-170). Die folgenden Erläuterungen zu dem von ihm gewählten Terminus *Grund=Wissenschafft* veranschaulichen sein Verfahren:

Die *Ontologiam* nenne ich im deutschen die Grund=Wissenschafft, nicht die Dinger=Lehre, als welches Wort man gebraucht hat, wenn man diese Wissenschafft lächerlich machen wollen. Ich brauche das Wort Grund=Wissenschafft, weil man in diesem Theile der Welt=Weisheit die ersten Gründe der Erkäntnis erkläret. Also habe ich wieder ein gutes deutsches Wort und dabey einen von der Sache genommenen Grund, warum ich ihm dergleichen Bedeutung beygeleget, und bei diesem Grunde habe ich noch dazu mit auf die Umstände der gegenwärtigen Zeit geachtet, wo man das Kind mit dem Bade zum Nachtheile der Wissenschafften ausschüttet, und daher einen Nehmen erwehlet, welcher den Nutzen dieser Wissenschafften anzeiget. (Wolff 1973 [1733]: 32f.; Hervorhebung im Original)

Verständnisproblemen, mit denen er vor allem in der Zeit der Veröffentlichung seiner ersten deutschen Schriften bei der Verwendung deutscher Termini noch rechnen musste, baut er durch deutsch-lateinische und lateinisch-deutsche Wörterverzeichnisse vor, die er einzelnen Bänden seiner philosophischen Abhandlungen beifügt. Das erste dieser Glossare aus dem Band zur *Logik* enthält 17 Basisstichwörter, die zum Teil durch Erweiterungen differenziert werden. Die insgesamt 62 Einträge des sogenannten ersten, d.h. deutsch-lateinischen Glossars sind nachstehend, ihrer Anordnung in der Originalfassung folgend, aufgeführt:

Tab. 2.7: Deutsch-lateinisches Glossar aus Christian Wolffs Deutscher Logik

Das erste Register (aus: Wolff 1962 [1713])	
Allgemeiner Begrif	Notio universalis
Allgemeiner Satz	Propositio universalis
Anmerckung	Scholion
Arten der Schlüsse	Modi syllogismorum
Aufgabe	Problema
Auflösung der Ausgabe	Resolutio problematis
Ausführlicher Begrif	Notio completa
Ausübende Logick	Logica practica
Ausübungs=Satz	Propositio practica
Begrif	Notio, idea
Bekräftigende [sic] Satz	Propositio affirmativa
Beschreibung	Descriptio

Besonderer Satz	Propositio particularis
Deutlicher Begrif	Notio distincta
Dunckeler Begrif	Notio obscura
Empfinden	Percipire
Empfindung	Perceptio
Erklärung	Definitio
Erlärung der Sache	Definitio realis
Erwägende Logick	Logica docens
Erwägungs=Satz	Propositio theoretica
Förder=Glied	Subjectum
Förder=Sätze	Praemissae
Förmlicher Schluß	Syllogismus in forma
Grund=Urtheil,	Judicium intuitivum
Grund=Satz	Axioma
Heische=Satz	Postulatum
Hinter=Glied	Praedicatum
Hinter=Satz	Conclusio
Klarer Begrif	Notio clara
Leerer Begrif	Propositio identica
Lehr=Satz	Theorema
Mittel=Glied	Medius terminus
Nach=Urtheil	Judicium discursivum
Ober=satz	Major sc. propositio
Sach=Erklärung	Definitio realis
Satz	Propositio
Satz des Widerspruches	Principium contradicionis
einen Satz gedencken nicht können gedencken nicht wissen, ob er sich gedencken lasse, oder nicht	Propositionem concipire; non posse concepire; nullum eius habere conceptum

Schluß	Syllogismus
Schluß unter einer Bedingung	Syllogismus hypotheticus
Uebungs=Satz	Propositio practica
Verknüpfung der Begriffe	Nexus notionum
Verneinter Satz	Propositio negativa
Verstümmelter Schluß	Enthymema
Versteckter Schluß	Syllogismus crypticus
Unausführlicher Begrif	Notio incompleta
Undeutlicher Begrif	Notio confusa
Unmittelbahre Folge	Consequentia immediata
Unter=Satz	Minor scil. Propositio
Unvollständiger Begrif	Notio inadaequata
Willkürlich formierter Begrif	Notio arbitraria
Wort=Erklärung	Definitio nominalis
Wort=Streit	Logomachia
Zergliederung der Begriffe	Analysis notionum
Zergliederung des Satzes	Analysis propositionis
Zusatz	Corollarium

Auszüge dieses Glossars sind verschiedentlich im Zusammenhang mit der Würdigung von Wolffs Beitrag zur Grundlegung einer deutschen Wissenschafts-terminologie wiedergegeben worden, so etwa bei Blackall (1966 [1959]: 23 f.), Ricken (1995: 61), Thielmann (2012: § 3), jeweils unter Verweis auf die Nähe der von Wolff gewählten Termini zur Alltagssprache und die Verfahren, die Wolff bei der terminologischen Festlegung verwendet:

> Für seine philosophischen Begriffe verwendet Wolff deutsche Wörter, deren Bedeutung uns heute selbstverständlich erscheint. Dennoch verwendet er große Sorgfalt darauf, jedes einzelne Wort klar zu definieren, und am Ende des Bandes [= Deutsche Logik] führt er in einer Liste die wichtigsten Termini noch einmal auf und stellt ihre lateinischen Entsprechungen daneben. Dieses Glossar ist interessant, weil es zeigt, für welche Wörter Wolff die Notwendigkeit gegeben fand, sie darin aufzunehmen. Wir finden hier *Begriff* (notio, idea), *Satz* (propositio), *Aufgabe* (Problema), *Schluß* (syllogismus), *Anmerckung* (scholion), *Beschreibung* (descriptio), *Erklärung* (definitio), *Zergliederung* (analysis), *Zusatz* (corollarium). Aus diesen Elementarbe-

griffen sind Zusammensetzungen hergeleitet wie *Förder-Sätze* (prämissae), *Grund-Satz* (axioma); *Heische-Satz* (postulatum), *Hinter-Satz* (conclusio), *Lehrsatz* (theorema) – die alle in der Liste am Schluß der Abhandlung aufgeführt sind. (Blackall 1966 [1959]: 23 f.)

Im Zusammenhang mit der Rekonstruktion der Entwicklungsgeschichte von *Idee* und *Begriff* verweist Ricken auf ihren Status als "Fachtermini des 18. Jahrhunderts, die man dem Überschneidungsbereich zwischen Wissenschaftssprache und Allgemeinsprache zuordnen kann" (Ricken 1995: 74, vgl. ebenfalls Ricken 2010). Wolff nahm das Wort *Idee* nicht in sein Vokabular einer deutschen Wissenschaftssprache auf, sondern trifft bei der Wiedergabe von lateinisch *idea* eine Unterscheidung zwischen *Begriff* und *Vorstellung*, die sich bis in die heutige Zeit fortsetzt:

(...) *Begriff* bezeichnete aufgrund seiner Bedeutungsdifferenzierung gegenüber *Vorstellung* die Denkeinheit, man könnte sagen die Maßeinheit logischer Operationen, *Vorstellung* dagegen war demgegenüber im Sinne Wolffs eher ein psychologischer Terminus (...). (Ricken 1995: 77)

Erwähnt sei in diesem Zusammenhang, dass Wolff in dem Glossar zum Band der Metaphysik (s.u.) die beiden Termini unterschiedlichen lateinischen Formen zuordnet – *Begriff* (*notio*), *Vorstellung* (*idea*). In dem einige Jahrzehnte später von Ludovici herausgebenen Glossar (s.u.) werden für *Begriff* dann wieder *notio* und *idea* sowie *conceptus* angegeben (Ludovici 1977 [1773]: 235). Bei den acht begrifflichen Erweiterungen im Glossar zur Deutschen Logik (*allgemeiner, ausführlicher, deutlicher, dunckeler, unausführlicher, undeutlicher, unvollständiger, willkürlich formirter Begriff*) wird jedoch ausschließlich *notio* verwendet.

Wie oben erwähnt, zählt zu den Prinzipien, die Wolff einer *rein deutschen* Wissenschaftssprache zugrunde legt, dass er an die Bedeutung bereits vorhandener Wörter aus der Allgemeinsprache anknüpft. Viele der von Wolff eingeführten Termini sind in das Ausdrucksinventar der allgemeinen Wissenschaftssprache übergegangen. Mit Bezug auf die Verfahren deutscher Wortbildung, die Wolff bei der Erarbeitung seiner Terminologie nutzt, hebt Thielmann (2012: § 3) hervor:

Es ist deutlich, dass diese Ausdrücke nach zwei für das Deutsche fundamentalen Wortbildungsprinzipien entstanden sind: Wörter wie *Einbildungskraft*, *Grundsatz* und Lehrsatz sind *Determinativkomposita*. Und Wörter wie *Anmerkung*, *Aussage* und *Begriff* sind deverbale Ableitungen.

Diese Ausdrücke sind im Sinne von Gauger (1971) durchsichtig, indem das durch sie Benannte durch sie erhellt wird. Wolff hat hiermit eine terminologische Tradition der motivierten Benennung (Ricken 1995) begründet, der die deutschsprachige Philosophie und Wissenschaft verpflichtet bleiben.

Es lohnt sich, einen Blick auf weitere Wörterverzeichnisse zu werfen, die Wolff seinen Schriften beigefügt hat, so etwa auf das Verzeichnis zum Band der *Deutschen Metaphysik* (Wolff 1983 [1751]), das 117 Einträge umfasst – darunter auch verschiedene Benennungen der Wortarten *Bey=Wörter* (Adverbia), *Bey=wörter der Namen* (Præpositiones), *Haupt Wort* (Verbum), *Mittlere Wörter* (Participia), *Nahmen* (Nomen), *Verbindungs=Wort* (Copula), *Verknüpfungs=-Wörter* (Conjunctiones), *Verneinungs=Wort* (Vocula negationis, signum negationis), *Vor=Wort* (Pronomen), *Wesentlicher Nahme* (Substantivum), *Zufällige Nahmen* (Adjectiva), *Zwischen=Wörter* (Interjectiones).

Tab. 2.8: Deutsch-lateinisches Glossar aus Christian Wolffs Deutscher Metaphysik (Wolff 1983 [1751]: 672-677)

Das erste Register	
Absicht	Finis
Allgemeine Harmonie der Dinge	Harmonia universalis
Anschauende Erkäntniß	Cognitio intuitiva
Art der Dinge	Species
Art der Zusammensetzung	Structura
Auf einmal entstehen	In instanti oriri
Ausdehnende Kraft	Vis elastica
Ausnahme	Exceptio
Aussage	Enunciatio
Begebenheit	Eventus
Begreifen	Comprehendere
Begrif	Notio
Besondere Arten	Species subalternæ
Bewegungs=Grund	Motivum
Bey=Wörter	Adverbia
Beywörter der Namen	Præpositiones

Diesheit	Haecceitas, Principium individuationis
Durch ein anderes bestehendes Ding	Accidens
Eigenschaft	Attributum
Eigenthümliche Materie	Materia cohærens
Einbildungen	Phantasmata
Einbildungskraft	Imaginatio
Einfluß (*Metaphysik*)	Influxus
Einschränkung	Limitatio
Eintzelne Dinge	Individua
Empfindung	Sensatio
Entgegensetzung	Oppositio
Erfahrungs=Kunst	Ars observandi
Erfüllung	Complementum
Fertigkeit	Habitus
Figürliche Erkäntniß	Cognitio symbolica
Fremde Materie	Materia interlabens
Gedancke	Perceptio, Cogitatio
Gegenwürckung	Reactio
Gegründetes	Causatum
Geschlechte der Dinge	Genus
Gliedmassen der Sinnen	Organa sensoria
Grösse	Quantitas, Magnitudo
Gründlichkeit	Soliditas
Grund	Ratio
Grund der Verkehrung	Principium reductionis
Grund des Widerspruches	Principium contradictionis
Gleichgültigkeit	Æquipollentia
Haupt Wort	Verbum
Kraft	Vis
Leere Einbildung	Figmentum

Leere Sätze	Propositiones identicæ
Luft	Voluptas
Leidenschaft	Passio
Mittlere Wörter	Participia
Nach einer Sache streben	Appetere
Nachfolgender Wille	Voluntas consequens
Nach und nach entstehen	Successsive oriri
Nahmen	Nomen
Natürlich Geschicke	Dispositio naturalis
Nothwendigkeit in der Freyheit, oder der Sitten	Necessitas physica
Quelle der Veränderung	Principium mutationum
Reiner Verstand	Intellectus purus
Satz	Propositio
Satz des zureichenden Grundes	Principium rationis sufficientis
Satz des nicht zu unterscheidenden	Principium indicernibilium
Schlechterdinges nothwendig	Absolute necessarium; geometrice necessarium, metaphysice necessa-rium
Schein=Gut	Bonum apparens
Schrancken	Limites
Sich auf einander beziehende Dinge	Relata & Correlata
Sinnliche Begierde	Appetitus sensitivus
Sprung	Saltus
Stetigkeit	Continuitas
Stand ordentlicher Gedanken	Statur perceptionum ordinatorum
That, oder Thun	Actio
Tiefe Einsicht	Acumen
Tiefsinnig	Acumine præditus
Ueberdencken	Reflectere
Verabscheuen	Aversari

Verbindungskunst der Zeichen	Ars combinatoria characteristica
Verbindungs=Wort	Copula
Verknüpfte Dinge	Konnexa
Verknüpfungs=Wörter	Conjunctiones
Vermögen	Potentia
Vermögen sich zu besinnen	Reminiscentia
Verneinungs=Wort	Vocula negationis, signum negationis
Vernunft	Ratio
Vernunft ähnliches	Analogum rationis
Vernunft=Kunst des wahrscheinlichen	Logica probabilium
Versteckung durch Versetzung	Crypsis per transpositionem
Verständlich erklären	Intelligibili modo explicare
Versuche	Experimenta
Versuch=Kunst	Ars experimentandi
Undeutliche Erkäntniß	Cognitio confusa
Unlust	Tædium
Vorherbestimmte Uebereinstmmung oder Harmonie	Harmonia præstabilita
Vorhergehender Wille	Voluntas antecedens
Vor sich bestehendes Ding	Substantia
Vorstellung	Idea
Vorwort	Pronomen
Ursache	Causa
Ursprüngliche Kraft	Vis primitiva
Welt	Universum
Wesentlicher Nahme	Substantivum
Willkührlich	Spontaneum
Willkühr	Spontaneitas
Willkührliches Zeichen	Signum artificiale
Witz	Ingenium

Wörter	Vocabula
Würcklichkeit	Existentia, Actus
Würckende Ursache	Causa efficiens
Zeichen=Kunst	Ars characteristica
Zufällige Nahmen	Adjectiva
Zufällig	Contingens
Zurücke drücken	Reagere
Zusammenhang	Nexus
Zwischen=Wörter	Interjectiones

Bereits bei einer ersten Durchsicht zeigt sich, dass das Glossar des Bandes zur Metaphysik im Vergleich zu dem der Logik deutlich weiter gefächert ist. Nur in drei Fällen gibt es Einträge, die sich überschneiden (*Begriff, Satz, Empfindung*), wobei im Fall von *Empfindung* unterschiedliche lateinische Entsprechungen angegeben werden (Glossar Metaphysik: 'sensatio'; Glossar Logik: 'perceptio').

Einen Überblick über weitere deutsche Termini in Wolffs Werken gibt der bereits erwähnte Ludovici (1977 [1737]) in seiner Abhandlung *Ausführlicher Entwurf einer vollständigen Historie der Wolffischen Philosophie*. Kapitel III handelt *Von der Schreib=Art, der sich Hr. Christian Wolff in seinen Schrifften bedienet hat*. Ludovici betont, dass sich das Deutsche in nur wenigen Jahrzehnten als Publikationssprache in den Wissenschaften etabliert hat, er weiß aber auch, dass die Kenntnis des deutschen Fachwortschatzes noch nicht bei allen Lesern vorausgesetzt werden kann. Aus diesem Grund stellt er – dem Beispiel Wolffs folgend – ein deutsch-lateinisches Glossar und ein lateinisch-deutsches Glossar zusammen. Die dort aufgenommenen Einträge schließen *Kunst=Wörter* aus verschiedenen Schriften Wolffs und denen seiner Anhänger ein.

Das insgesamt 371 Termini umfassende Glossar vermittelt einen Eindruck von der Bandbreite der Gebiete, die Wolff in seinen Schriften berücksichtigt bzw. ins Verhältnis zur *Welt=Weisheit* setzt. Das Spektrum der Fachgebiete und Disziplinen, deren deutsche Benennungen aufgeführt sind, ist weit gefasst und zum Teil nach theorie- und praxisbezogenen Teilgebieten differenziert.

Tab. 2.9: Aus: Ausführlicher Entwurf einer vollständigen Historie der Wolffischen Philosophie (Ludovici 1977 [1737]). Auszug des dt.-lat. Glossars (Fachgebiete)

Baukunst Kriegsbaukunst	architectura civilis architectura militaris
Buchstabenrechnung	algebra
Dreiecksmeßkunst geradlienigte Dreyecks=Meßkunst Zirckellienigtes Dreyecksmeßkunst	trigonometria geometria plana trigonometria sphærica
Endzweckswissenschaft	teleologia
Erdbeschreibung	geographie
Erdmeßkunst	geometria
Auslegende Gottesgelahrtheit geistliche Erfahrungskunst wiederlegende Gottesgelahrtheit Unterrichtende / die auf vorkommende Fälle eingerichtete Gottesgelahrtheit	theologia exegetica theologia experimentalis theologia polemica theologia casuistica
Haußhaltungslehre	oeconomia
Kunstlehre	technica
Lehre der schiffbaren See	hydrographia
Meßkunst der Kräffte	dynametria
Rechenkunst	arithmetica
Seelengeschichte Seelenlehre Seelenwissenschaft	psychologia empirica psychologia psicologia rationalis
Sonnenuhrkunst	gnomonica
Sterndeutekunst Sternsehekunst	astrologia astronomia
Ausübende Welt=Weißheit Vernunfftlehre erwegende Weltweisheit	philosophia practica philosophia rationalis philosophia theoretica

Versuchskunst der Natur	physica experimentalis
Wasserbaukunst, Wasserwägekunst	hydraulica hydrostatica
Weltlehre	cosmologia

Ludovicis Glossar enthält zahlreiche Termini aus den benannten, aber auch aus anderen Fachgebieten, so z.B. der Jurisprudenz: *Rechtliche Erbgebühr* (legitima), *Muthwilliger Todtschlag* (homicidium culposum), *Unbefugter Richter* (iudex incompetens), der Medizin: *Gliedmassen der Sinne* (organa sensoria), *Schweißlöcher* (pori), *Zwischenörter* (pori) oder der Physik: *Gehinderte Schwere im Falle* (gravitas respectiva); *ungehinderte Schwere im Fall* (gravitas absoluta); *Wiederstandskrafft der Bewegung* (in ertiæ vis); *Strahlenbrechung* (refractio).

Nicht alle der Verdeutschungen von Wolff haben sich durchsetzen können (so etwa *Grundwissenschaft* für *Ontologie*). Anders verhält es sich mit den Ausdrücken, die Wolff als Fachtermini (vor allem aus den Bereichen Philosophie und Mathematik) in seine Schriften einführt oder aufgreift und die heute zur AWS gehören: so etwa Verben wie *anfechten* (impugnare), *begreifen* (comprehendere), *erklären* (definire) oder die nachfolgend aufgeführten Substantive, bei denen es sich häufig um deverbale Ableitungen handelt:

Tab. 2.10: Aus: Ausführlicher Entwurf einer vollständigen Historie der Wolffischen Philosophie (Ludovici 1977 [1737]). Auszug des dt.-lat. Glossars: Ausdrücke der AWS

Anführung	citatio
Anwendung	applicatio
Ausnahme	exceptio
Bedingung	hypothesis
Begriff hergeleiteter Begriff	conceptus, notio, idea notio derivativa
Bekräfftigung	probatio
Bemerckung	observatio
Bestimmung	determinatio
Beymessung	imputatio
Beyspiel	exemplum

Zusammenziehung aller Beispiele	inductio
Beziehung	relatio
Deutlichkeit	evidentia
Einschränckung	limitatio
Eintheilung	divisio
Erweiterung	ampliatio
Folgerung	consequentia
Zurechnung	imputatio

Sowohl in der fachlichen Nomenklatur als auch was den Bereich der *AWS* betrifft, bestätigt sich die extensive Nutzung der Wortbildungsverfahren *Komposition* – z.B. *Wortursprung* (etymologia) oder *Schlußrede* (syllogismus) – und Derivation – z.B. *Wiederlegung* (refutatio) oder *Eintheilung* (divisio). Darüber hinaus lässt sich häufig eine Tendenz zur Auflösung synthetischer lateinischer Ausdrücke durch analytische Konstruktionen und Fügungen im Deutschen beobachten: so etwa im Fall von *aufeinander gegründete Schlußreden* (episyllogismus) oder *unumstößlicher Beweis durch die Erfahrung* (demonstratio a posteriori). Soweit zur Festlegung des fachlichen und disziplinenübergreifenden Wortschatzes des Deutschen durch Wolff.

Ein Kapitel aus der Rechtfertigungsschrift von Wolff (s. Wolff 1973 [1733]) sei abschließend noch erwähnt. Wie aus den oben zitierten Stellungnahmen von Wolff ersichtlich wird, steht in der *Ausführlichen Nachricht* die Darlegung der Prinzipien und Methoden seiner Arbeit im Vordergrund. Insbesondere geht es ihm darum, die Plausibilität seines Ansatzes und die Redlichkeit seines Vorgehens zu verteidigen. Wolff verfasste diese Rechtfertigungsschrift, nachdem er die Universität Halle, an der er Mathematik und Experimentalphysik lehrte, 1723 hatte verlassen müssen und nach Marburg gegangen war. Die Konflikte, die Wolff hervorgerufen hatte, hingen mit seinen philosophischen Auffassungen zusammen, insbesondere mit seinem strengen Determinismus, der ihm den Vorwurf eintrug, den Menschen von der Verantwortung für sein Handeln zu entheben (s. Arndt 1973: VIII). Die Konfrontation betraf daher vor allem "theologische und weltanschauliche Konsequenzen, die sich aus seiner 'mathematischen' Erkenntnis- und Darstellungsmethode ergeben" (Menzel 1996: 8-11).[24] Bei seiner Verteidigung beruft sich Wolff nicht nur auf seine Wahrheitsliebe und Redlichkeit, sondern bemüht auch einen Vergleich mit dem Schicksal von Galilei:

> Damit man nicht meyne, als wenn ich von dem Verfahren meiner Feinde zu strenge urtheilte; so wollen wir Galilei Exempel vor uns nehmen, den man wegen des Systematis Copernicani in die Inquisition gezogen. (Wolff 1973 [1733]: 619f; vgl. zu diesem Vergleich ebenfalls ebd.: 624f.)

Wolffs selbstempfundene Nähe zu Galilei betrifft die wissenschaftliche Unbegründetheit der ihnen widerfahrenen Anfeindungen und deren Konsequenzen, vor allem aber das ihnen gemeinsame Bedürfnis nach "Freyheit zu philosophiren" (Wolff 1973 [1733]: z.B. 624), womit Wolff vor allem "Freiheit von autoritativer Bevormundung" meint (Arndt 1971: XV). Wir finden in diesem Zusammenhang auch eine frühe Rezeption der dialogischen Schriften Galileis, insbesondere der

> Gespräche vom Welt=Gebäude, darinnen sich einige Personen von denen drey Systematibus mundi dem *Ptolemaico*, *Copernicano* und *Tychonico* unterredeten, die Gründe für jedes erwegeten und die Einwürffe untersuchten und beantworteten: wodurch das *Systema Copernicanum* für den andern viel Ansehen erhielt, ob gleich Galilaus [sic] vorgab, als wenn er es nicht defendiren wolte. (Wolff 1973 [1733]: 621)

Der kurze Textauszug thematisiert den eristischen Gehalt des *Dialogo* und benennt damit zusammenhängende sprachliche und mentale Handlungen (*unterreden, Gründe erwägen, Einwürfe untersuchen und beantworten*).[25]

Zur Frage der Sprachenwahl äußert sich Wolff in diesem Zusammenhang nicht. Dies erklärt sich zum einen dadurch, dass er sich nicht aufgrund seiner Sprachenwahl der Kritik ausgesetzt hatte; zum anderen ging es ihm im Unterschied zu Galilei offensichtlich nicht um eine polemische Abgrenzung vom Lateinischen. Anderenfalls hätte er die Ausarbeitung seines philosophischen Systems nicht ab 1728 auch in lateinischer Sprache herausgegeben, nachdem er sie bereits in deutscher Sprache veröffentlicht hatte. Zu diesem Zeitpunkt – nur 30 Jahre nach dem Thomasius-Skandal in Leipzig – hatte sich das Deutsche als

24 Wie Arndt (1973: VII) in der Einleitung zu *Ausführlichen Nachricht* aufzeigt, hatte Wolff diese Konflikte unter anderem dadurch befördert, dass er "in einer Prorektoratsrede von 1721 die Grundwahrheiten des christlichen Glaubens schon im chinesischen Konfuzianismus wiedererkannt haben wollte".

25 Die Frage, ob Wolff Sagredo die Rolle als Verteidiger des Tychonischen Weltmodells zuschrieb und worauf er sich dabei stützte, kann hier nicht weiter verfolgt werden.

Sprache wissenschaftlicher Veröffentlichungen und des akademischen Unterrichts weitgehend etabliert und Wolff hatte sein Anliegen, die deutsche Wissenschaftssprache mit einer tragfähigen Terminologie auszustatten, bereits verwirklicht (Menzel 1996: 179f.).

2.3 Analogien, Divergenzen, Asymmetrien

Blickt man vor diesem Hintergrund nochmals auf den oben angesprochenen Sprachenwechsel im gegenwärtigen Wissenschaftsbetrieb zurück, ist festzuhalten, dass dieser mit den hier skizzierten Phasen des Ablösungsprozesses vom Primat des Lateinischen nur eingeschränkt vergleichbar ist.[26] Analogien zeigen sich zwar insoweit, als es sich bei dem Lateinischen und dem Englischen in beiden Fällen um Sprachen mit universalen Geltungsanspruch handelt und die derzeitige sprachliche Umschichtung zugunsten des Englischen in den Fächern schneller erfolgte (oder sogar bereits vollzogen ist), in denen sich das Deutsche gegenüber dem Lateinischen vergleichsweise spät durchgesetzt hat (vgl. vor allem die Entwicklung im Bereich der Naturwissenschaften und Medizin).[27] Grundlegende Unterschiede zwischen dem damaligen und dem gegenwärtigen Sprachgebrauchswandel bestehen jedoch darin, dass bei der Loslösung vom Lateinischen eine universelle und wissenschaftlich bewährte Kunstsprache, die sich von der Alltagssprache weit entfernt hatte, zugunsten einer Volkssprache aufgegeben wurde. Die derzeitige Entwicklung erweist sich gerade in Hinblick auf die "kommunikative Reichweite" gegenläufig, insofern die wissenschaftssprachliche Eigenständigkeit vor den Erfordernissen des internationalen Wissenschaftsdiskurs zurücktritt: "Latein, Deutsch, Englisch bedeutet zuerst Internationalität, dann Nationalisierung, nun Internationalisierung" (Schiewe 2000: 94). Darüber hinaus ist das Verhältnis der einzelnen Wissenschaftssprachen, wie

---

26 Die Ausführungen in diesem Teilkapitel basieren auf Heller (2004).

27 Als eine Parallelentwicklung betrachtet Schiewe (2000: 95f.) die zunehmende Tendenz zur Formalisierung wissenschaftlicher Texte durch die Visualisierung der Resultate in Form von Modellen, Statistiken, Tabellen etc.: "Die mathematisch-formalisierte Darstellungsweise könnte, neben dem Englischen, als eine zweite Universalsprache angesehen werden. Zumindest ist die Mathematisierung und die Formalisierung, die ja auch in einer verstärkten Theorie- und Systemgebundenheit der Wissenschaft zum Ausdruck kommt, als ein Merkmal zu sehen, das Wissenschaft internationalisiert und das somit auch dem Übergang zum Englischen vorarbeitet."

Wolfgang Klein (2000: 289) angemerkt hat, durch Asymmetrie gekennzeichnet, da Latein für alle zeitgenössischen Wissenschaftler den Status einer *Lingua franca* hatte, während die derzeit dominierende Sprache der Wissenschaftskommunikation für einen Großteil ihrer Verwender gleichzeitig Muttersprache ist.

Weitere Unterschiede zeigen sich, wenn man sich vergegenwärtigt, dass der Wechsel vom lateinischsprachigen zum deutschsprachigen Wissenschaftsbetrieb neben der Publikationssprache auch die Sprache der didaktischen Vermittlung sowie den Sprachgebrauch in der akademischen Verwaltung einbezog. Die gegenwärtige Sprachentwicklung betrifft bislang noch schwerpunktmäßig die Veröffentlichung wissenschaftlicher Erkenntnisse, sei es in Form mündlicher Präsentationen (z.B. auf Kongressen) oder in Form schriftlicher Publikationen.

Trotz dieser offensichtlichen Divergenzen kommt Schiewe (2000: 102) zu dem Schluss, "dass der doppelte Sprachenwechsel zum Englischen und zu mathematisch-formalisierten Darstellungen in den Wissenschaften offenbar Konsequenzen hat, die, wenn auch gewiss anders gelagert, denen des Übergangs von der lateinischen Universalsprache zu den Volkssprachen an Gewicht nicht nachstehen". Er bezieht sich damit zum einen auf den "system- und theoriegebundenen Wissenschaftsbegriff" (ebd., 104), zum anderen auf den Wandel wissensvermittelnder Institutionen im Zeichen virtueller Austauschmöglichkeiten sowie auf die Vorrangigkeit des wirtschaftlichen Anwendungshorizontes, der sich vor allem auf die Finanzierung der Forschung auswirkt und damit ihre Existenzbedingungen wesentlich mitbestimmt.

Für die Forschung führt der Trend zur Monolingualisierung zu einer weiteren Assymmetrie, insofern das Englische häufig selbst zum Untersuchungsgegenstand oder – bei komparativen Studien – zu einer der Vergleichsgrößen wird Um den Bogen in Hinblick auf das Desiderat einer Komparatistik der europäischen Wissenschaftssprachen weiter zu spannen, ist noch viel Grundlagenarbeit zu leisten. Dies gilt auch für den Vergleich Deutsch-Italienisch. Die folgenden Fallstudien versuchen diesem Desiderat Rechnung zu tragen.

3 Handlungskommentierung und Leserorientierung

Die Ausschnitte aus den Texten von Galilei und Wolff haben deutlich gemacht, dass beide Autoren bemüht sind, den Rezeptionsprozess ihrer Leser zu unterstützen und dass sie dieses Bemühen durch gezielte Maßnahmen kenntlich machen. Die Schwerpunktsetzungen und Vorgehensweisen sind dabei sehr unterschiedlich.

Galilei legt sein wissenschaftliches Anliegen und seinen Handlungsplan in der Vorrede zum *Dialog über die beiden hauptsächlichsten Weltsysteme* offen. Im Dialog selbst werden Gesprächsführung und Entwicklung der Argumentation von den Diskutanten wiederholt thematisiert. Dies geschieht nicht nur in den einleitenden Passagen zu den einzelnen Gesprächstagen, sondern der gesamte Text weist eine Vielzahl kommentierender Einschübe auf, mit denen die Aufmerksamkeit der Leser gesteuert wird. Wenngleich die Wahl der Sprache programmatisch ist für Galileis Absage an eine noch weitgehend vom Lateinischen dominierte Wissenschaftstradition, werden Fragen des Ausdrucksinventars der italienischen Wissenschaftssprache in diesem Zusammenhang nicht zum Gegenstand gemacht.

Das Werk des Philosophen und Mathematikers Wolff wird hingegen von seiner Arbeit an der deutschen Sprache in besonderer Weise mitbestimmt. Aus diesem Grund widmet er dieser Arbeit in der Schrift *Ausführliche Gedancken* ein eigenes Kapitel, in dem er die leitenden Prinzipien seiner Sprachverwendung und seine Vorgehensweise auf den Punkt bringt. Dies geschieht in der Retrospektive, denn zu diesem Zeitpunkt hat Wolff seinen Beitrag zum Strukturausbau der deutschen Wissenschaftssprache bereits umgesetzt, nicht nur durch die Abfassung seiner Schriften in deutscher Sprache, sondern auch durch die jeweiligen deutsch-lateinischen Glossare. Seine Sprachenwahl ist ebenfalls programmatisch, aber unpolemisch. Sonst hätte er seine Schriften nicht auch in einer lateinischen Ausgabe für ein internationales Publikum zugänglich gemacht.

In funktional-pragmatischer Perspektive sind die hier und in Kap. 2 skizzierten Verfahren von Galilei und Wolff als Beiträge zur "Kooperation beim Verständigungshandeln" (Redder 2000: 287) beschreibbar. In ihnen spiegeln sich auch die bei Sabatini (1999) beschriebenen Merkmale der *testi mediamente vincolanti* (s. Kap. 1.2). Wie deutschsprachige und italienischsprachige Autoren heute im Einzelnen verfahren, wenn sie ihren Lesern Verständnishilfen für ihre Schriften an die Hand geben und welche sprachlichen Mittel dabei Verwendung finden, soll im Folgenden genauer und auf einer breiteren empirischen Grundlage von vergleichbaren Texten aus dem *Annali*-Korpus betrachtet werden. Der Blick richtet sich zunächst darauf, ob sich bei dem Vorkommen von Maßnahmen der Verständnissteuerung und Leserorientierung Schwerpunktsetzungen abzeichnen, wie die Autoren das eigene Handeln kommentieren. Dies betrifft insbesondere Ankündigungen und Rückverweise sowie Erläuterungen zur Vorgehensweise. In diesem Zusammenhang geht es auch darum, herauszuarbeiten, welche sprachlichen Mittel dabei eingesetzt werden, und der Frage nachzugehen, ob vergleichbare sprachliche Ressourcen der beiden Sprachen Deutsch und Italienisch auch in vergleichbarer Weise genutzt werden (s. Kap 4).[28]

Besondere Aufmerksamkeit gebührt dem Vorkommen deiktischer Ausdrücke. Damit stellt sich auch die Frage nach den jeweiligen Verweisräumen, unter denen der Text eine prominente Rolle einnimmt.

3.1 Text- und Handlungskommentierung

Im einleitenden Kapitel ihres Sammelbandes zur Textkohärenz fasst M. E. Conte (1988: 19) zentrale Aspekte der Textdeixis prägnant zusammen:

> La funzione della deissi testuale è metatestuale. La logodeissi verte sul testo stesso; essa orienta il destinatario nel percorso del testo, lo istruisce ad istituire collegamenti intratestuali.

In kritischer Auseinandersetzung mit Arbeiten von Fillmore (z.B. 1972) sowie Braunmüller (1977) und Lyons (1977) hebt Conte zunächst hervor, dass Text-, Raum- und Zeitdeixis nicht losgelöst von einander zu betrachten sind. Sie unterstreicht in diesem Zusammenhang die adressatenorientierende Funktion textdeiktischer Hinweise, mithilfe derer die Leser angeleitet werden, intratextuelle Bezüge nachzuvollziehen.

Orientierungsmaßnahmen, mithilfe derer wissenschaftliche Autoren die Aufmerksamkeit ihrer Rezipienten auf die *Textorganisation* lenken, bezeichnet Graefen (1997) als *Textkommentierungen* (im Folgenden: TK) und beschreibt sie als sprachliche Handlungen, "mit denen ein Autor seinen Text – genauer gesagt, die Textorganisation – zum Gegenstand macht" und dessen "ansonsten durchgängig sachbezogenen Aufbau" unterbricht (Graefen 2000a: 113). In Hinblick auf die *zerdehnte Sprechsituation* (Ehlich 2007: 16 [1978]), die für Schrift-

28 Kapitel 3 und 4 basieren weitgehend auf der Verschriftlichung meines Plenarvortrags bei der 3. Tagung *Deutsche Sprachwissenschaft in Italien* (s. Heller 2009a).

texte charakteristisch ist, leisten TK einen Beitrag zur Überbrückung zeitlicher und räumlicher Distanz zwischen dem Verfasser und dem Leser. Es ist daher nicht erstaunlich, dass TK sehr häufig temporal- und lokaldeiktische Ausdrücke einschließen. Wesentliche Ausprägungen von TK werden von Graefen (2000a) nach sechs Typen unterschieden:

Tab. 3.1: Typologisierung von TK nach Graefen (2000a)

TK 1	Angabe des wesentlichen Ziels / Themas des Artikels
TK 2	Einleitung / Hinführung zu einem illokutiv od. thematisch neuen Textteil
TK 3	textorganisierende Ankündigung späterer Sprechhandlungen
TK 4	Wiederaufnahme früherer Sprechhandlungen
TK 5	Selbsteinschätzungen des Autors
TK 6	Integration von Daten und Tabellen in den Text

Mit Blick auf das Sprachenpaar Deutsch-Italienisch wurde diese Typologie an anderer Stelle (Heller 2007, 2008b) kommentiert, ergänzt und mit Beispielen illustriert.[29] Schwerpunktsetzungen, die sich bei einer Auswertung ausgewählter Themenbände ergeben haben und die für die hier interessierenden Fragen der Ressourcennutzung von besonderem Interesse sind, werden im Folgenden (Kap. 3.2-3.3) zur Sprache kommen. Sie betreffen primär die TK 2, 3 und 4.

In einem neueren Überblick zur Textart *wissenschaftlicher Artikel* (Graefen/Thielmann 2007) wurde das Raster (Tab. 3.1) in modifizierter Form wiederaufgenommen, mit Präzisierungen in Hinblick auf die Zwecksetzung von autorseitigen sprachlichen Handlungen und deren leserbezogener Ausrichtung:

Tab. 3.2: Die wichtigsten Textkommentierungen nach Graefen/Thielmann (2007: 89)

Autorseitige sprachliche Handlungen	in Hinblick auf den Leser	Beispiel
Begründen	Beseitigung von möglichen Verstehenshindernissen oder -defiziten	*Der Ansatz hat die Eigenschaft X. Er steht deshalb in dieser Arbeit im Vordergrund*
Ankündigung späterer Textteile	Bildung oder Veränderung eines Erwartungshorizonts	*Es soll in dieser Arbeit der Versuch gemacht werden, X zu diskutieren*

29 Für die Analyse der Diskursart *wissenschaftlicher Vortrag* konzentriert sich Carobbio (z.B. 2011) auf Kommentierungen des eigenen sprachlichen Handelns und zeigt dessen Umsetzung an einem Korpus deutscher und italienischer Tagungsbeiträge auf.

Verweis auf inhaltliche Beziehungen zwischen Textteilen	Aufforderungen, Wissensbestandteile miteinander zu verknüpfen	*... obwohl die Mittelwerte ein ähnliches Muster aufweisen, wie bereits für Stichprobe 1 beschrieben*
Einleitende Benennung der aktuellen sprachlichen Handlung	Verdeutlichung der Handlungsqualität, der Absicht des Autors	*Zusammenfassend lässt sich sagen, ...*
Abschließende Selbsteinschätzung des Autors	Angebot, das eigene Fazit abzugleichen	*Wie gezeigt werden konnte, ist die Ableitung X in jedem Fall möglich.*
Verweis auf Abbildungen, Tabellen, Daten, externe Quellen	Angebot zur Veranschaulichung oder Präzisierung von Textinformationen	*In Fig. 2 ist der Aufbau in einer Anlage skizziert.*

Die Wiederaufnahme früherer Sprechhandlungen (s.o. TK 4) wird in dieser Typologie nicht mehr als eigenständige Handlung gefasst, sondern den Verweisen auf inhaltliche Beziehungen zwischen Textteilen zugeordnet. Ich komme auf diesen TK-Typ in Kap. 3.2 zurück. Neu eingefügt wurde die TK *Einleitende Benennung der aktuellen sprachlichen Handlung*, wie sie die folgenden Beispiele veranschaulichen, in denen der Verfasser seine Überlegungen zur kulturellen Bedingtheit von Unterschieden umweltbewusster Einstellungen durch direkte und indirekte Fragen strukturiert:

(1) Es sind zwei empirische Fragen, die aus diesen Beobachtungen resultieren und auf die Elemente einer Antwort gesucht werden sollen. Die erste betrifft den Kontrast Deutschland/Italien: Warum sind bei *gleichem Bewusstsein der Bevölkerung so große Unterschiede im praktischen Handeln zugunsten* der Umwelt gegeben? Und die zweite Frage: Warum gibt es doch beträchtliche Unterschiede zwischen Deutschland und Frankreich gleichermaßen im Hinblick auf das ökologische Bewusstsein wie auf das umweltbewusste Handeln? (dtO 2000/1 KE; Hervorhebungen KE)

itÜ Da queste osservazioni emergono due quesiti empirici in merito ai quali si cercheranno qui elementi per una risposta. Il primo quesito si riferisce alla discrepanza tra Germania e Italia: come mai di fronte ad una *medesima consapevolezza* da parte della popolazione si riscontrano così ampie *differenze nell'agire concreto* a favore dell'ambiente? Il secondo quesito riguarda le differenze tra Germania e Francia: come mai esse sono comunque rilevanti sia rispetto alla consapevolezza ambientale che rispetto all'agire consapevole verso l'ambiente?

(2) Man kann sich nun fragen, ob es überhaupt sinnvoll ist, solche Differenzen mit unterschiedlichen kulturellen Traditionen zu erklären. (dtO 2000/1 KE)

itÜ A questo punto ci si può chiedere, in generale, se abbia senso spiegare tali differenze ricorrendo alle diverse tradizioni culturali.

TK schließen regelmäßig verbale Ausdrücke zur Bezeichnung des sprachlichen und/oder forschenden Handelns ein (s. im folgenden Beispiel: *nachzeichnen, verbinden, vorstellen, untersuchen, fragen*). Tempusgebrauch (vgl. bes. das italienische Futur, Di Meola 2009)[30] oder die Kombination mit dem zukunftsweisenden *sollen* werden dabei deiktisch funktionalisiert. Vgl. im folgenden Beispiel (*zum Schluß soll gefragt werden*/*in conclusione ci si dovrà chiedere*).

(2) *Ich möchte nun* an einem Beispiel *den Weg nachzeichnen*, den die Dilthey-Interpretation in jüngster Zeit genommen hat, *und mit der These verbinden*, daß die 'philosophische Hermeneutik' Gadamers den Verstehensbegriff besetzt hat und damit auch dazu beigetragen hat, das 'Verstehen' als Grundkategorie der Sozialwissenschaften durch 'Kommunikation' zu ersetzen. *In einem ersten Schritt wird* daher Hans Georg Gadamers Dilthey-*Interpretation vorgestellt* und dann dessen Einfluß auf Jürgen Habermas untersucht. *Zum Schluß soll gefragt werden*, ob nicht ein bewußter Verzicht auf die Einsichten, für die Dilthey steht, zu einem Rückfall in Metaphysik beitragen kann. (dtO 1992 HH)[31]

itÜ: Attraverso un esempio *vorrei ridisegnare la strada* percorsa recentemente dall'interpretazione diltheyana, *collegando* tale evoluzione alla tesi secondo la quale l''ermeneutica filosofica' di Gadamer ha occupato il concetto di comprendere, contribuendo anche a sostituire il 'comprendere', come categoria fondamentale delle scienze sociali, con la 'comunicazione'. *In un primo momento verrà quindi presentata l'interpretazione* diltheyana di Hans Georg Gadamer, *per poi esaminarne l'influenza* su Jürgen Habermas. *In conclusione ci si dovrà chiedere* se la cosciente rinuncia alle idee sostenute da Dilthey non possa contribuire ad una ricaduta nella metafisica.

Der Verfasser leitet mit dem textkommentierenden Hinweis (*Ich möchte nun an einem Beispiel den Weg nachzeichnen*) zu einem neuen Textteil über (vgl. TK 2). Der deiktische Ausdruck *nun* signalisiert, dass es sich dabei um eine vorgeplante Handlung handelt, deren Ausführung unmittelbar bevorsteht (vgl. auch Zifonun, Hoffmann et al. 1997: 358). In der italienischen Übersetzung wird diese Planungdeixis nicht wiedergegeben (s. hierzu Kap. 4). Die nachfolgenden textkommentierenden Einschübe (vgl. TK 3) veranschaulichen das Bemühen des Verfassers, seine Textprogression und die damit verbundene Wissenserweiterung schrittweise zu verdeutlichen, so wie es schon bei Sabatini (1999; s. o.) an-

30 Zum Tempusgebrauch in wissenschaftlichen Texten vgl. Lombardi (2008).

31 Die deutschen und italienischen Ausgangstexte werden mit dem Kürzel dtO bzw. itO gekennzeichnet, die Übersetzungen entsprechend mit dtÜ und itÜ. Es folgen Jahreszahl und die Initialen der Autoren. Diese Kennzeichnung wird auch bei den Quellenangaben im Literaturverzeichnis beibehalten. Hervorhebungen von mir sind durch Kursivierung kenntlich gemacht. Das gilt für alle der in diesem Band besprochenen Beispiele.

klang. Die dabei verwendeten paradeiktischen[32] Ausdrücke (*in einem ersten Schritt, zum Schluss*) bewirken eine Neufokussierung, die von den Entwicklungen der Forschung zurück zum vorliegenden Text führt. Erneut ist dabei eine Abweichung von Original und Übersetzung festzustellen. Die räumliche und temporale Perspektivierung des Darstellungsprozesses (*in einem ersten Schritt ... wird vorgestellt und dann ... untersucht*) wird in der italienischen Fassung nur temporal (*in un primo momento verrà presentata ... per poi esaminare*) versprachlicht. Auf solche und andere Übersetzungsdivergenzen komme ich im Folgenden (Kap. 4) zurück.

Im vorliegenden Fall ist darüber hinaus ein Zusammenspiel von zwei Handlungstypen zu beobachten, da der Verfasser Verbindungen zwischen dem eigenen Ansatz und der Forschungssituation herstellt. Fandrych (2002) bezeichnet den letztgenannten Handlungstyp als *Literaturdarstellung* (im Folgenden: LitD).[33] Das Spektrum reicht von der neutralen Wiedergabe von Ansätzen und/ oder Standpunkten einzelner Wissenschaftler bis zu expliziten Evaluierungen. Steinhoff (2007: z.B. 196) spricht in diesem Zusammenhang von *textkritischen Prozeduren* als einer Form "wissenschaftstypische<r> Handlungsroutinen im Medium der Schrift" (ebd., 118). Ich schließe mich der Terminologie der Funktionalen Pragmatik an und verwende den Terminus *Prozedur* für sprachliche Handlungseinheiten "unterhalb der Stufe des Sprechaktes" (Ehlich 1993a: 491).

In wissenschaftlichen Texten werden die beiden Handlungstypen – TK und LitD – vor allem dann miteinander kombiniert, wenn der Verfasser Thema und Anliegen seiner Untersuchung sowie den Umfang der herangezogenen Literatur eingrenzt. Einschlägige Beispiele finden sich in dem einleitenden Beitrag des Themenbandes *Sociologia dell'Ambiente/Umweltsoziologie* (Annali 2000/1), in dem der Verfasser einen Überblick über den umweltsoziologischen Diskurs in Deutschland gibt. Bevor er in den eigentlichen Literaturbericht einsteigt, sieht er sich zu einigen Präzisierungen genötigt – in Hinblick auf fachinterne Überschneidungen und die Verzahnung der nationalen und internationalen Forschungsdebatte:

---

32 Man spricht von Paradeixis, wenn Ausdrücke aus dem Symbolfeld (wie etwa *gegenwärtig, demnächst, im letzten Jahrzehnt, in jüngerer Zeit*) deiktisch verwendet werden und den Hörer bzw. Leser so auf die Perspektive des Sprechers hin orientieren. Bei solchen durch Zweckverschiebungen bedingten Funktionsveränderungen von Ausdrucksmitteln spricht man von *Feldtransposition* (s. Ehlich 1994, Redder 2005, vgl. ebenfalls Graefen 1997, Kap. 6.8)

33 S. im Folgenden Kap. 5.

(3) Versucht man, *den gegenwärtigen Stand* der Umweltsoziologie in Deutschland *zu beschreiben*, so steht man vor zwei Schwierigkeiten. Zum einen ist es notwendig *festzulegen, über welche* wissenschaftlichen *Beiträge hier berichtet* und *über welche nicht berichtet werden soll* (weil sie primär zu anderen Fachsoziologien gehören). Zum anderen erweist es sich als schwierig, die deutsche von den ausländischen Diskussionen zu *trennen*. (dtO 2000/1 WR)

itÜ: Se si cerca di *descrivere lo stato attuale* della sociologia dell'ambiente in Germania ci si trova ad affrontare una duplice difficoltà. Da una parte è necessario *stabilire quali siano i contributi scientifici di cui parlare, e quali sia opportuno tralasciare* (perché pertinenti soprattutto ad altri ambiti specifici della sociologia). In secondo luogo appare assai difficile *separare* il dibattito tedesco dalle discussioni condotte all'estero.

Nach diesem ersten Problemaufriss, bei dem gleichzeitig sprachliche und mentale Handlungen thematisiert werden (*beschreiben/descrivere, festlegen/stabilire, berichten/parlare, nicht berichten/tralasciare, trennen/separare*), umreißt der Verfasser seinen Ansatz und benennt wesentliche Handlungsschritte (*geht von ... aus/si rifà, bei der Abgrenzung/nel delimitare, werde ... einbeziehen/facendo riferimento a*):

(4) Der folgende Beitrag *geht bei der Abgrenzung* der Umweltsoziologie *von* den Selbstverständnissen *aus*, die sich durch die von «Umweltsoziologen» geschriebenen Überblicke inzwischen herausgebildet haben. Allerdings werde ich *in dem Bericht* über empirische Untersuchungen zu Umweltthemen etwas großzügiger Arbeiten aus anderen Teilsoziologien *einbeziehen* (z.B. Soziologie der Katastrophen). (dtO 2000/01 WR)

dtÜ: Nel *delimitare il campo* d'indagine della sociologia dell'ambiente, il presente contributo *si rifà* alle concezioni di sé che sono venute via via affermandosi nelle rassegne scientifiche scritte dai «sociologi dell'ambiente». Nel *riferire* su indagini empiriche che trattano di temi ambientali procederò invece con maggiore elasticità, *facendo riferimento* anche a lavori elaborati all'interno di altre branche della sociologia (per esempio, della sociologia delle catastrofi).

Im weiteren Verlauf dieses einleitenden Teils werden die genannten Schwierigkeiten näher konturiert, so etwa in Hinblick auf die unterschiedlichen Traditionen im deutschen Sprachraum und damit zusammenhängend auf die Frage, in welchen Fällen eine Auswahl vorgenommen oder auf eine Einbeziehung verzichtet wird.

Den aufgezeigten Schwierigkeiten (*die deutsche Umweltsoziologie zu charakterisieren/caratterizzazione della sociologia dell'ambiente tedesca)* werden die jeweiligen Handlungsentscheidungen gegenübergestellt (*häufig zitierte Bei-*

träge/contributi frequentemente citati, mit einbezogen/inclusi, nicht systematisch ausgewertet/non preso in considerazione in modo sistematico, ausgeklammert/ escluso):

(5) Die zweite Schwierigkeit des hier beabsichtigten Berichts liegt darin, die *deutsche* Umweltsoziologie zu *charakterisieren*. Einige häufig zitierte Beiträge stammen von Österreichern und Schweizern oder von in Österreich bzw. der Schweiz arbeitenden deutschen Wissenschaftlern. Diese habe ich *mit einbezogen*. Andererseits habe ich jedoch die schweizerischen und österreichischen Zeitschriften und Publikationen *nicht systematisch ausgewertet*. Das andere Problem liegt darin, dass ich die einschlägige Diskussion in der DDR *ausgeklammert* habe. Deren Spezifika fallen so sehr aus dem Rahmen, dass sie nur in einem eigenständigen Beitrag behandelt werden könnten. (dtO 2000/01 WR)

itÜ La seconda difficoltà cui va incontro il presente resoconto consiste nella *caratterizzazione* della sociologia dell'ambiente tedesca. Alcuni contributi frequentemente citati sono stati forniti da austriaci e svizzeri, o da studiosi tedeschi che lavorano in Austria o in Svizzera. Li ho *inclusi* nella mia trattazione. D'altra parte *non* ho *preso in considerazione* in modo sistematico le riviste e le pubblicazioni svizzere e austriache. L'altro problema è dovuto al fatto che ho *escluso* da questo lavoro la discussione specifica nella Repubblica Democratica Tedesca che presenta caratteri tanto peculiari da non rientrare nel quadro tematico prefissatoci e potrebbero essere trattati solo in un contributo a parte.

Einschränkungen des Anspruchs und der Durchführbarkeit werden auch bezüglich der Verortung der deutschen Umweltsoziologie in der internationalen Forschungslandschaft formuliert. Das Herausarbeiten nationaler Schwerpunktsetzungen wird nur mit Bezug auf die amerikanische Umweltsoziologie als möglich erachtet; durch Verweise auf den Mangel an einschlägigen Vorstudien wird der Verzicht auf einen Vergleich mit anderen Wissenschaftskulturen begründet:

(6) Doch diese [= nationalen Besonderheiten] zu identifizieren und darüber hinaus noch zu erklären, ist hier nicht einmal ansatzweise möglich. (dtO 2000/01 WR)

itÜ *Ma non è possibile, nemmeno per cenni molto generici, identificarle [= le specificità nazionali] e per giunta spiegarle.*

Die Rechtfertigung der gewählten Kompromisslösungen, die der Verfasser im abschließenden Resümee als *pragmatisch* qualifiziert, wird auf diese Weise argumentativ vorbereitet und verbindet sich mit einer selbstkritischen Einschätzung, wodurch der Verfasser möglichen Einwänden Vorschub leistet:

(7) In den beiden Abgrenzungsfragen ließ sich nur *eine pragmatische Vorgehensweise finden*, deren relative Willkür offensichtlich ist. (dtO 2000/01 WR)

itÜ In ambedue i casi, la questione della delimitazione *è stata risolta in maniera pragmatica*, la cui relativa arbitrarietà è manifesta.

Im weiteren Verlauf dieses Literaturberichts werden gelegentlich Bezüge innerhalb des Textes verdeutlicht. So wird im folgenden Beispiel zunächst eine vorausgegangene Sprechhandlung in Erinnerung gerufen (*wurde ... schon erwähnt/abbiamo ... ricordato*), und – unmittelbar daran anschließend – die aktuelle sprachliche Handlung explizit gemacht (*sind zu nennen/vanno ricordate*). Beide Sprechhandlungen werden im Textraum verankert (*oben/già, an dieser Stelle/a questo punto*):

(8) Die allgemeine gesellschaftstheoretische und zeitdiagnostische Literatur, die die Umweltkrise auf die industriellen Produktionstechniken und das verengte Selbstverständnis der Techniker und Technikwissenschaften zurückführt, *wurde oben schon erwähnt. An dieser Stelle sind* empirische Untersuchungen zu konkreten Techniken *zu nennen.* (dtO 2000/01 WR)

itÜ: Abbiamo *già ricordato* la pubblicistica di taglio generale orientata alla teoria della società e all'analisi del presente che riconduce la crisi dell'ambiente alle tecniche di produzione industriale e alla limitata consapevolezza che tecnici e tecnologi hanno del proprio ruolo. *A questo punto vanno ricordate* le ricerche empiriche su tecniche concrete, (…)

In anderen Fällen werden vorläufige Ergebnisse resümiert. Dies geschieht vorzugweise am Absatzanfang:

(9) *Betrachtet man zusammenfassend* die theoretische Debatte um die Integration und die Integrierbarkeit des Umweltthemas in die Soziologie, *so lassen sich einige Merkmale festhalten.* (dtO 2000/01 WR)

itÜ *Volendo tirare le somme* sul dibattito teorico intorno all'integrazione e all'integrabilità della tematica ambientale nella sociologia, *possiamo precisare alcuni caratteri distintivi:* (…)

(10) *Schließlich lässt sich feststellen*, dass die theoretischen Grundsatzdebatten in der Umweltsoziologie überwiegend ohne Bezug zu empirischen Untersuchungen geführt werden. (dtO 2000/01 WR)

itÜ *Si può constatare infine* che nella sociologia dell'ambiente i dibattiti teorici sui princìpi si svolgono prevalentemente senza alcun riferimento ad indagini empiriche.

Im letzten Teil des Literaturberichtes wird unter Rückgriff auf die eingangs thematisierten Schwierigkeiten ein erstes Fazit gezogen:

(11) *Ein Versuch*, den Stand der deutschen Umweltsoziologie *zu bewerten, soll hier nicht unternommen werden.* (…) Es seien lediglich einige Charakteristika noch einmal *zusammengefasst*: (…) (dtO 2000/01 WR)

itÜ *Non è questo il luogo in cui tentare di esprimere un giudizio* sullo stato della sociologia dell'ambiente nell'area tedesca. (…) Ci si permetta solamente di *ripresentare* alcune caratteristiche: (…)

Der Beitrag schließt mit einem Ausblick auf zukünftige Forschungsinitiativen, die das vorgestellte Panorama ergänzen können:

(12) Es wäre eine reizvolle Aufgabe, in der Tradition der «Soziologie sozialer Probleme» das Entstehen und die politischen Konjunkturen von Umwelt als soziales Problem *zu analysieren*. *Parallel dazu stünde eine wissenschaftssoziologische Analyse* der Entwicklung der Umweltforschung allgemein und der Umweltsoziologie im Besonderen. (dtO 2000/01 WR)

itÜ Sarebbe un compito affascinante *analizzare*, nella tradizione di una «sociologia dei problemi sociali», la nascita e le congiunture politiche dell'ambiente quale problema sociale. *Accanto a questa ci potrebbe essere un'analisi a livello di sociologia della scienza* sullo sviluppo della ricerca ambientale in generale e della sociologia dell'ambiente in particolare.

Diese Zusammenstellung lässt erkennen, dass auch in den Texten, in denen LitD vorrangig sind, da primär die Forschungslage referiert und bewertet werden soll, TK keine Seltenheit sind.

In wissenschaftlichen Artikeln, in denen der Verfasser eine eigenständige Forschungsfragestellung formuliert und behandelt, sind kommentierende Handlungen erheblich häufiger. Es scheinen jedoch Unterschiede zu bestehen, in welchem Umfang in den einzelnen Wissenschaftskulturen von solchen Kommentierungen Gebrauch gemacht wird. So ergab eine Auswertung von drei Themenbänden des *Annali*-Korpus, dass in den deutschen Beiträgen deutlich mehr TK nachweisbar waren als in den italienischen (vgl. Heller 2008b, siehe unten). Im Folgenden wird der Frage nachgegangen, in welcher Weise die schrittweise Annäherung des Lesers zeitlich oder räumlich perspektiviert wird.

3.2 *Far procedere gradualmente* – zur Direktionalisierung der Leserorientierung

In ihrem Beitrag zur Textart Wissenschaftlicher Artikel heben Graefen/Thielmann (2007: 89) zwei der oben erwähnten Textkommentierungen und damit einhergehende Ausprägungen der Leserorientierung hervor:

> Da die Lektüre ein fortschreitender Prozess ist, kann erinnernder Rückgriff ebenso stattfinden wie ankündigender Vorgriff durch den Autor. Auch dabei sind verschiedene Stile und Darstellungsweisen möglich und interkulturell zu betrachten.

Die nachfolgenden Textauszüge veranschaulichen die unterschiedlichen Richtungen, in die der Blick der Leser gelenkt werden kann. Das erste Beispiel ist dem letzten Abschnitt einer Einleitung zu einem Aufsatz aus dem Themenband der *Annali* (1993) entnommen. Im Vordergrund der Studie steht eine Präzisierung des Charisma-Begriffs – auch in Hinblick auf das Verhältnis von Charisma, Religion und Geschichte. Der Verfasser bereitet den Leser darauf vor, dass er im nachfolgenden Text eine detailreichere Auseinandersetzung mit der angesprochenen Definitionsfrage erwarten darf (*Ich gehe auf die Schlußfolgerungen … unten (Abschn. III) noch näher ein*). Gleichzeitig hebt er einen Aspekt hervor, der im vorliegenden Zusammenhang (*hier*) für die Entwicklung seiner Argumentation relevant ist und benennt die aktuelle sprachliche Handlung (*sei ... erwähnt*). Durch die Hinzufügung *lediglich* unterstreicht er, dass der eher schlaglichtartig angedeutete Sachverhalt im weiteren Verlauf der Ausführungen noch einmal aufgegriffen wird:

(13) *Ich gehe auf die Schlußfolgerungen*, die sich aus der Bestimmung von Charisma als Gnadengabe ergeben, *mit Blick auf die Frage*, wie Charisma zustandekommt, *unten (Abschn. III) noch näher ein*; *hier sei lediglich erwähnt*, daß Charisma, als Gnadengabe, einhergeht namentlich mit "Bußgewalt": (…). (dtO 1993 WL)

itÜ: *Più avanti (par. 3) mi occuperò più da vicino delle conclusioni* che derivano dal definire il carisma come dono di grazia, *considerando il problema* della creazione del carisma*; per ora voglio solo accennare al fatto* che il carisma, come dono di grazia, va soprattutto di pari passo con il "potere penitenziale": (…).

Bemerkenswert ist, dass die Lokaldeixis (*hier*) in der Übersetzung mit einem temporaldeiktischen Ausdruck (*per ora*) wiedergegeben wird, wodurch die Ankündigung einer späteren Vertiefung nochmals aktualisiert wird. Auf solche und weitere Unterschiede bei der Übersetzung deiktischer Ausdrücke werde ich in Kapitel 4 zurückkommen. Festzuhalten ist, dass der kurze Textabschnitt eine Reihe von Signalen enthält, mittels derer die Aufmerksamkeit der Leser gesteuert wird. Im Dienst der Präorientierung auf spätere Handlungen (hier: *auf Schlußfolgerungen eingehen*) steht auch die Fokussierung und Benennung der Sprechhandlung, die im aktuellen Argumentationszusammenhang vollzogen wird (*hier sei lediglich erwähnt*).

Beispiel (14) stammt aus dem Schlussteil eines Beitrags, in dem der Verfasser Resultate seiner Untersuchung zu Wertebegriffen im deutsch- und italienischsprachigen Kulturraum resümiert. Es handelt sich um eine Verkettung kommentierender Hinweise, die eine Reorientierung der Leser auf zuvor thematisierte Handlungsschritte einschließen:

(14) Dopo il lavoro di controllo si può quindi sostanzialmente confermare la conclusione, sia pur limitata ai casi esaminati, *che in precedenza era stata abbozzata*: le nazioni rimangono fondamentalmente unità rilevanti relativamente omogenee per l'analisi comparativa dei valori. (itO 1997 RG)

dtÜ: Die Überprüfung bestätigt also im Wesentlichen *die oben skizzierte Schlußfolgerung,* zumindest was die untersuchten Fälle anbelangt: die Nationen bleiben grundsätzlich relativ homogene relevante Einheiten für die vergleichende Wertanalyse.

Der Verfasser ruft dem Leser in Erinnerung, dass er seine Schlussfolgerung bereits in groben Zügen umrissen hat (*la conclusione ... che in precedenza era stata abbozzata/die oben skizzierte Schlußfolgerung*) und stellt auf diese Weise eine Beziehung zwischen einem vorangehenden Teil und den jeweiligen sprachlichen Handlungen her. Gleichzeitig benennt er die aktuelle sprachliche Handlung (*confermare/bestätigen*), gibt aber zu verstehen, dass diese Bestätigung seiner Annahmen keinen Anspruch auf allgemeine Gültigkeit erhebt (*si può quindi sostanzialmente confermare/bestätigt also im Wesentlichen; sia pur limitata ai casi esaminati/zumindest was die untersuchten Fälle anbelangt*).

Fallstudien zu dem Vorkommen der einzelnen TK-Typen in den deutschen und italienischen Originalfassungen von drei *Annali*-Bänden (12/1996, 13/1997, 15/2000-01), deren deutsche und italienische Beiträge quantitativ vergleichbar sind, führen zu Befunden, die auf Divergenzen in den Strategien der Leserorientierung schließen lassen Die Auswertung (vgl. im Einzelnen Heller 2008b) zeigt, dass die deutschsprachigen Autoren solche Orientierungsmaßnahmen grundsätzlich häufiger einsetzen als ihre italienischen Kollegen. Diese Tendenz entspricht nicht den Beobachtungen von Maaß (2006) bezüglich der Frequenz diskursdeiktischer Wendungen in Abschlussarbeiten deutscher und italienischer Studierender. Die divergierenden Befunde mögen mit der unterschiedlichen Expertise der Verfasser (Experten vs. Studierende) zusammenhängen, entscheidender aber ist, dass in der Studie von Maaß nur Einleitungstexte ausgewertet wurden. Erst auf der Grundlage von Paralleluntersuchungen zu diesen Teiltexten im *Annali*-Korpus oder von einer Gesamttextauswertung der bei Maaß zugrunde gelegten studentischen Arbeiten könnten die Befunde sinnvoll zueinander in Bezug gesetzt werden.

Unterschiedliche Werte ergeben sich außerdem insbesondere bei prä- und reorientierenden TK, d.h. bei TK, mit denen die Verfasser zum nachfolgenden Textteil überleiten (s.o. TK 2) und/oder auf nachfolgende Ausführungen hinweisen (s. o. TK 3), sowie bei TK, die vorausgegangene Beobachtungen rekapitulieren (s. o. TK 4). Deutschsprachige Autoren scheinen präorientierende Hinweise zu privilegieren, um ihre Leser bei der Lektüre des Textes zu begleiten (s. auch Bsp. 1). Demgegenüber tendieren italienische Autoren eher zur Reorientierung, in dem sie vorausgegangene Ausführungen in Erinnerung rufen (s. auch Bsp. 3). Zu beobachten ist weiterhin, dass die italienischen Autoren, häufiger Einschätzungen der eigenen Forschungsleistungen formulieren (TK 5)[34], wenn sie im Schlussteil ihrer Beiträge ihre Ergebnisse hervorheben:

(15) Con ciò sono giunto dove mi proponevo di arrivare in questa sede. Contrapponendo alla linearità della teoria della modernizzazione riflessiva la dinamica derivante dalla tensione tra alcune forze contrastanti della modernità, volevo delineare un approccio in grado di agevolare l'analisi delle questioni politiche connesse all'ambiente. (itO 2000/1 LP)

dtÜ Damit habe ich das Ziel erreicht, das ich mir in diesem Beitrag gesteckt habe. Es lag mir daran, durch die Gegenüberstellung der Linearität, die der Theorie der reflexiven Modernisierung eigen ist, und der Dynamik, die auf der Spannung zwischen verschiedenen gegensätzlichen Kräften der Moderne beruht, einen Ansatz zu umreißen, der die Analyse umweltpolitischer Probleme fördern kann.

3.3 Zeigende Prozeduren und Verweisräume

Bei der Rezeptionssteuerung durch prä- und reorientierende TK werden zeigende Prozeduren[35] relevant, die in Anlehnung an Ehlich (2007: 12 [1978]) als "Ausdruck einer Fokussierung des Sprechers" zu verstehen sind, die für die Ad-

34 S. Heller 2008b: 121f., vergleichbare Tendenzen zeigten sich bei einer Paralleltextstudie zu deutschen und italienischen Abstracts (Heller 2007).

35 Zu weiteren Prozeduren (nennende, operative, expeditive und malende Prozeduren), die in handlungstheoretischer Sicht mit Blick auf die Zweckbestimmung sprachlichen Handelns und die jeweilige Feldzugehörigkeit (Symbolfeld, operatives Feld, Lenkfeld, Malfeld) unterschieden werden, vgl. Ehlich 1993a.

ressaten nachvollziehbar gemacht wird. Eine solche Orientierung kann temporal, spatial/lokal, personen-, objekt- oder aspektgebunden sein und unterschiedliche Verweisräume in Anspruch nehmen (vgl. auch im folgenden Kap 4):

Tab. 3.3: Übersicht der Verweisräume (aus: Graefen 1997: 129, Tab. 4).

Erklärung	Benennung
die unmittelbare Sprechsituation	Wahrnehmungsraum
die aktuelle und erinnerte Rede im Diskurs	Rederaum
der durch den Text konstituierte mental-sprachliche Raum	Textraum
die gemeinsame Vorstellung von Sprecher und Hörer	Vorstellungsraum
Deixis in formelhaften Verwendungen	Deixis ins Leere

Redder (1990: 182) schlägt vor, die oben erwähnte Typologisierung der Verweisräume in Hinblick auf Orientierungshandlungen im mentalen Bereich zu modifizieren. Sie verwendet den Terminus Wissensraum "unter Bezug auf den deiktischen Zusammenhang (…), bei dem der Π-Bereich einen möglichen Verweisraum darstellt". Ihrer Argumentation folgend, ist der Vorstellungsraum vom Wissensraum abgeleitet, da Vorstellung stets Wissen voraussetzt. Die Erweiterung des Bühlerschen Modells (Bühler 1965 [1934]) um die Kategorien Wissens- und Textraum ist für die Analyse wissenschaftlicher Schreibkonventionen – wie auch im Folgenden deutlich wird – zentral, da wissenschaftliche Texten abstrakte Zusammenhänge thematisieren.

Im Textraum bewirkt die deiktische Prozedur "eine Orientierungshandlung (…) durch Neufokussierung bestimmter Elemente" (Ehlich 2007: 19 [1978]). Deiktische Ausdrücke haben daher Signalfunktion und werden eingesetzt, um die Aufmerksamkeit des Lesers so zu lenken, dass er Fokussierungen des Verfassers übernimmt:

> Die primäre Aufgabe deiktischer Einheiten ist, eine schnelle, von der Sprecherrolle her eindeutig perspektivierte, sprachliche Orientierung von H auf das Gemeinte innerhalb der Gegebenheiten der Sprechsituation zu leisten. Diese erprobte Funktionsfähigkeit, zunächst im Wahrnehmungsraum (auch im Rederaum), ist die Grundlage für die Nutzung der Deixis im Textraum. (Graefen 1997: 136)

Richten sich die Verweise innerhalb des Textraumes auf Textteile, die vorausgehen, spricht man von *Anadeixis*, im umgekehrten Fall von *Katadeixis* (s. Ehlich 2007: 17 [1978]). Bei solchen Orientierungshandlungen werden auch

Ausdrücke aus dem Symbolfeld (s. im folgenden Bsp. 18: *zunächst/per il momento*) genutzt und deiktisch funktionalisiert (Paradeixis).

Bei einer systematischen Erfassung einer repräsentativen Auswahl deiktischer und paradeiktischer Ausdrücke in den jeweiligen Teilkorpora der *Annali* können die Beobachtungen zu den Strategien der Leserorientierung durch prä- oder reorientierende TK, die auf der Basis der erwähnten Fallstudien gewonnen wurden, bestätigt werden. So stellt sich heraus, dass im Teilkorpus der deutschen Originale eine erheblich höhere Zahl vorausweisender (katadeiktisch verwendeter) Ausdrücke nachweisbar war als im Teilkorpus der deutschen Übersetzungen, was wiederum auf ein entsprechend geringeres Vorkommen solcher Ausdrücke in den jeweiligen italienischen Originalen schließen lässt (vgl. im Einzelnen Heller 2008b).

Tab. 3.4 Katadeiktisch verwendete Ausdrücke in den Annali-Teilkorpora dtO und dtÜ

Katadeixis	dtO	dtÜ
abschließend, anschließend, im Anschluss daran, danach, im folgenden, im nächsten, (so)dann, später, schließlich, zum Schluss, zuerst, zunächst, zu Beginn	185 Belege	60 Belege

Vergleichbare Proportionen (ca. 1:3) ergeben sich bei einer Auswertung der italienischen Teilkorpora. Katadeiktisch verwendete Sprachmittel sind in den italienischen Übersetzungen etwa dreimal so oft belegt wie in den italienischen Originalaufsätzen, was Rückschlüsse auf das Vorkommen entsprechender Ausdrucksmittel in den deutschen Originalen nahelegt.[36]

Tab. 3.5 Katadeiktisch verwendete Ausdrücke in den Annali-Teilkorpora itO und itÜ

Katadeixis	itO	itÜ
da principio, prima di tutto, prima, innanzitutto, prima di, quindi, in seguito, di seguito, dopo, poi, più avanti, successivamente, ... successivo, prossimo..., ... seguente, sotto, infine, da ultimo	95 Belege	295Belege

36 In etwa spiegelverkehrt stellt sich das Verhältnis der Belege anadeiktisch verwendeter Ausdrücke (wie *oben, zuvor, bereits* ...) dar, die in den deutschen Originalen weniger häufig nachweisbar sind als in den deutschen Übersetzungen (s. Heller 2008b: 133). Die Validität der hier resümierten Befunde wird durch Untersuchungen zu Tempusgebrauch (Lombardi 2008) und Syntax in deutschen und italienischen Wissenschaftstexten, insbesondere zum Vorkommen von Analepse und Katalepse (Nardi 2008), gestützt.

Beispielhaft sei dieses Ungleichgewicht bei einem Blick auf die Belegfrequenzen des paradeiktischen Ausdrucks *im folgenden* veranschaulicht. In den deutschen Originalen sind 50 Belege in präorientierenden Hinweisen nachweisbar. Vgl. etwa folgende Beispiele:

(16) Vielmehr *soll im folgenden* ein bestimmter Strang der Wirkungsgeschichte dieser Interpretation *verfolgt werden*. Dabei ist als erstes zu betonen, daß eine ernsthafte Wiederbeschäftigung mit Dilthey erst mit und seit 'Wahrheit und Methode' in Gang gekommen ist. (dtO 1992 HH)

itÜ *In quanto segue occorrerà piuttosto ripercorrere* un determinato tratto della storia della recezione di tale interpretazione. Bisogna innanzitutto sottolineare che una seria ripresa dell'interesse per Dilthey si avvia solo con ed a partire da 'Wahrheit und Methode'.

(17) Bei der Frage, *der im folgenden nachgegangen wird*, geht es nämlich darum, daß einer Berücksichtigung massenkommunikationsbezogener Gesichtspunkte in soziologischen Theoriegebäuden wissenschaftstheoretisch tiefliegende Schwierigkeiten entgegenstehen. (dtO 1995 EK-WA).

itÜ: Il problema *che nel prosieguo indagheremo* riguarda infatti le profonde difficoltà di tipo epistemologico che ostacolano l'intento di tenere conto di punti di vista relativi alla comunicazione di massa all'interno degli edifici teorici della sociologia.

Im Teilkorpus der deutschen Übersetzungen finden sich nur 8 entsprechende Belege von *im folgenden*[37], was wiederum ein Licht auf die geringere Frequenz präorientierender Hinweise in den italienischen Originalen wirft.[38]

Die besprochenen Beispiele bestätigen, dass bei leserorientierenden Maßnahmen (antizipierend, rekapitulierend oder punktuell fokussierend)[39] nicht nur Aspekte der Textorganisation offengelegt, sondern gleichzeitig mentale, auf den Forschungsprozess bezogene oder kommunikative Handlungen thematisiert und

37 Zur prozeduralen Analyse des Symbolfeldausdrucks *folgend* vgl. Redder (2011)

38 Die Ausdrücke, mit denen der Übersetzer *im Folgenden* wiedergibt (*in quanto segue, nel prosieguo*) sind wenig gebräuchlich und jeweils nur in vierzehn (neun bzw. fünf) Belegen aus dem Teilkorpus itÜ nachweisbar (die in zwölf Fällen auf den gleichen Übersetzer zurückgehen). In den Originaltexten der italienischen Autoren sind sie nicht belegt.

39 In eine ähnliche Richtung argumentiert Maaß (2006: 230), die in ihrem Beitrag zur Diskursdeixis den Begriff *Elator* einführt; er umfasst die "unterschiedlichen Einheiten, die zusammengenommen die Individuierung des Referenten als textuelles bzw. diskursives Objekt erlauben, indem sie im vorangegangenen oder folgenden Text einen Referenten salient machen".

benannt werden. Fragen der Übersetzung der dabei verwendeten Verben werden in Kap. 5 behandelt.

Darüber hinaus lässt sich beobachten, dass in vielen Fällen die assertive Grundstruktur durch Ausdrucksmittel der Geltungseinschränkung modifiziert wird. Eine Konzentration solcher Signale der Relativierung zeigt sich deutlich in folgendem Beispiel, das einem Artikel über das Verhältnis von Husserl und Dilthey entnommen ist. Im vorliegenden Argumentationszusammenhang geht es um die Fragen der begrifflichen Bestimmung, unter anderem bezüglich der *transzendentalen Subjektivität*. Der Verfasser des Beitrags verzichtet auf eine Wiedergabe der Forschungsdiskussion und bietet einen Kompromiss an, für dessen Akzeptanz er den Leser gewinnen möchte:

(18) *Vielleicht ist es hier zunächst hinreichend*, den Begriff des transzendentalen Subjekts als Ausdruck einer methodologischen Absichtserklärung *vorläufig zu akzeptieren*. (dtO 1992 KHL)

itÜ: *Per il momento è forse sufficiente accettare provvisoriamente* il concetto di soggetto trascendentale come espressione di una dichiarazione di intento metodologico.

Solche Modalisierungen sind Teil der komplexen diskursiven Struktur wissenschaftlicher Texte. Ehlich (1993b: 26) spricht in diesem Zusammenhang von einer Art "Gitter, das über die rein assertive Struktur gelegt wird". Graefen (2000b) hat in Hinblick auf die Zweckbestimmung solcher Einschränkungen Differenzierungserfordernisse aufgezeigt und ausgeführt, warum eine globale Einstufung als *hedges* nicht ausreichend ist. Sie unterscheidet "zwischen sachlich gebotener Kennzeichnung von unzureichender bzw. unabgeschlossener Wissenserarbeitung einerseits und illokutiv wirksamer Vorsicht auf dem Weg der Modifizierung des gegenwärtigen Wissensstandes in einer Disziplin bzw. einem Teilgebiet davon" (s. Graefen 2000b: 11). Auch in den besprochenen Beispielen 3 und 6 machen die Autoren kenntlich, dass ihnen der vorläufige Status von Vorschlägen, Annahmen oder Folgerungen bzw. deren Strittigkeit bewusst sind. Hier ergibt sich erneut eine Verbindung zu der oben zitierten Merkmalsbeschreibung von Sabatini (1999: 148), der mit Bezug auf die Gestaltung von Texten des Makrotyps der *testi mediamente vincolanti* auf die "consapevolezza di una parziale controvertibilità o aleatorietà delle proprie tesi" der Autoren hinweist. Die Leistungen einer funktional-pragmatischen Analyse von Verfahrensweisen der Erkenntnisgewinnung, die als Ausdruck wissenschaftlicher Streitkultur (Ehlich 1993b) aufzufassen sind, hat da Silva (2010) anhand von Beispielen zum Sprachenpaar Deutsch-Italienisch deutlich gemacht.

4 Zur Verwendung und Übersetzung deiktischer Ausdrücke

Die im vorangehenden Kapitel besprochenen Beispiele ließen bereits erkennen, dass deiktische Ausdrucksmittel in wissenschaftlicher Kommunikation – insbesondere in Aufsätzen deutschsprachiger Verfasser – bemerkenswert häufig in Anspruch genommen werden. Dennoch bleiben sie auf den ersten Blick unauffällig und dringen bei der Rezeption erst dann ins Bewusstsein, wenn eine sprachliche Analyse gefordert ist oder wenn der Text übersetzt werden soll.

In Grammatiken und Wörterbüchern werden deiktische Ausdrücke in der Regel als Adverbien oder Pronomen behandelt. Dass wir heute mehr über ihre Leistungen wissen, als gängige Nachschlagewerke und ein Zugang von der Wortartenbestimmung her vermitteln, verdankt sich insbesondere den Erkenntnissen der funktionalen Pragmatik (s. vor allem Ehlich 2007 [1992 a und b], 2007 [1989]; Redder 2009, 2005, 1990). Die europäischen Sprachen unterscheiden sich im Strukturausbau des deiktischen Apparates beträchtlich:

> (...) English seems to be poor in deixis, German rich, and French even richer. These differences are of considerable impact for the translation of ScTs [= scientific texts] from one of these languages into another one, and they cause much trouble for non-natives when writing ScTs in a language other than their mother tongue. (Ehlich 2007 [1992a]: 113).

Bei deutschsprachigen Autoren lässt sich sogar in nicht wenigen Fällen eine Akkumulation zeigender Prozeduren beobachten, deren Leistungen von Ehlich (2007 [1992a]: 109) in Hinblick auf Merkmale deutscher Wissenschaftstexte pointiert zusammengefasst werden:

> The repetitive application of the deictic procedure with reference to the space of the text means that the reader has to perform a permanent reorganization of his / her focus of attention in various instants of the continuing of the linguistic entities he / she is reading. The function of the deictic procedure is to help him to manage this permanent shift of focus. Smaller and smallest text units can be so complex that these processes of focus adjustment are necessary. This holds true especially when syntactic structures are used to express maxima of information. German is known (and hated) for the "complex sentences" it has, and "German scientific style" is experienced as "very complicated" and "difficult to process" (...) The application of deictic procedures to the microorganization of attention is a major resource for the reader to overcome the difficulties which lay at the basis of the (negative) evaluation of German ScTs [Scientific Texts].

Den von Ehlich angesprochenen Unterschieden wird im Folgenden mit Blick auf ausgewählte Elemente aus dem deiktischen Strukturapparat des Deutschen und Italienischen nachgegangen. Im Vordergrund stehen dabei Ausdrücke, die in den Originalaufsätzen der *Annali* besonders häufig vertreten sind.

4.1 Leserorientierung im Text und im vorhandenen Wissen – Analysebeispiele

Die folgenden Beispiele zeigen einige der typischen Verwendungen von lokal,-temporal- und objektdeiktischen sowie deiktisch abgeleiteten Ausdrücken. Sie entstammen der einleitenden und der abschließenden Sektion von einem Beitrag von Brigitte Nedelmann zum Thema *Geld und Lebensstil*:

(19) Ohne mich *hier* mit den Ursachen dieses von Atteslander beklagten Defizits befassen zu können, möchte ich behaupten, daß die gegenwärtige Soziologie besser auf die derzeitige Renaissance der Erlebnis- bzw. Erlebenswelt gefaßt gewesen wäre, wenn sie sich rechtzeitig mit den soziologischen Konzepten Simmels vertraut gemacht hätte. (dtO 1992 BN)

(itÜ) Senza potermi occupare *in tale sede* delle cause del deficit lamentato da Atteslander, intendo sostenere che la sociologia contemporanea sarebbe stata molto meglio preparata all'attuale rinascita del mondo delle esperienze che si vivono e del vivere esperienze se, a tempo debito, le fossero stati familiari i concetti sociologici simmeliani.

Das textdeiktisch verwendete *hier* ist in einen autokommentierenden Hinweis[40] des Verfassers eingebettet. Es handelt sich um eine Verzichtserklärung in Hinblick auf die Behandlung des Gegenstands, die einer Stellungnahme zur Forschungsentwicklung vorangestellt wird (*ohne mich hier mit den Ursachen befassen zu können*). Unmittelbar daran anschließend wird die aktuelle sprachliche Handlung benannt (*möchte ich behaupten*). Verweisobjekt von *hier* ist der Gesamttext, eine mögliche Paraphrase wäre 'in diesem Beitrag'.

Für einen solchen analytischen Ausdruck entscheidet sich auch der Übersetzer bei der Wiedergabe von *hier* (*in tale sede*). Er greift auf diese Weise die raumbezogene Perspektive auf.[41] In den Kategorien der Funktionalen Pragmatik

---

40 Zum Begriff des autokommentierenden Handelns vgl. Carobbio (2011).

41 In der italienischen Grammatikschreibung wird tale als Demonstrativpronomen, z.T. mit anaphorischer Funktion, kategorisiert (Renzi 2001: 595, 644f.). Eine Trennung anaphorischer und anadeiktischer Verwendungen von sprachlichen Elementen, wie sie in der Funktionalen Pragmatik üblich ist, wird nicht durchgeführt. Der Frage, ob durch den

gesprochen, liegt eine Kombination verschiedener Prozeduren vor, die zum Zweck der Präzisierung in Hinblick auf den Bezugsgegenstand zusammengebunden werden. Wir können einen Rückgriff auf solche Mehrworteinheiten für *hier* bei Bezugnahmen auf den Gesamttext im Italienischen häufig beobachten, vor allem im Zusammenhang mit thematischen Eingrenzungen oder bei der Explizierung von Schwerpunktsetzungen.

Schauen wir uns einen weiteren Auszug an, mit dem die Verfasserin das letzte Kapitel ihres Aufsatzes einleitet.

(20) In welchem Zusammenhang steht *nun* Erlebnis mit den *hier* vorgestellten unterschiedlichen Prinzipien und Inhalten der Lebensführung? (dtO 1992 BN)

itÜ *Ma* in che rapporto sta l'esperienza che si vive con i diversi principi e contenuti della condotta di vita *ora* presentati?

Zweifellos wird die Lokaldeixis *hier* wiederum mit Bezug auf den Text verwendet, der "als Substrat der autorseitigen Sprechhandlung, das den zeitlich-räumlich getrennten Interaktanten materiell vorliegt und zugleich kognitiv zugänglich ist, weil es ein sprachliches Produkt ist" (Graefen 1997: 242). Die Deixis *hier* in Kombination mit dem Partizip *vorgestellt* (re)orientiert den Leser auf zurückliegende Textpassagen. Diese Funktion bestätigt sich auch bei einem Blick auf die nachfolgenden Sätze. Gesamttextbezug und anadeiktische Verwendung sind in diesem Fall nicht voneinander zu trennen.

Wie verhält sich demgegenüber die im gleichen Zusammenhang eingesetzte Deixis *nun*? Ihr kommt eine Gliederungs- bzw. Signalfunktion für die Argumentation zu, die allerdings weniger die Textprogression betrifft als vielmehr die mentale Wissensverarbeitung des Verfassers, der versucht, die Wissensaneignung seiner Leser zu steuern, um seine Argumentation nachvollziehbar zu machen. Bei dieser schrittweisen Entwicklung des Wissenstransfers ist *nun* an einer Schnittstelle situiert. In diesem letzten Abschnitt werden ja – bildlich gesprochen – die Fäden zusammengezogen. *Nun* operiert daher auf einer abstrakteren Ebene als der des Textes. Gleichzeitig interagiert es mit *hier*, indem die Neufokussierung der im Text vorausgegangenen Darstellung (*Prinzipien und Inhalte der Lebensführung*) mit einer abschließenden Bilanz zusammengeführt wird.

Ausdruck *in tale sede* eine größere Distanz signalisiert werden soll – eventuell in Hinblick auf die illokutive Einbettung in eine Verzichtserklärung –, wird in diesem Zusammenhang nicht nachgegangen.

Die Verwendung von zwei unterschiedlichen (temporal- und lokaldeiktischen) Ausdrücken mit Bezug auf die Textprogression veranschaulicht zwei Sichtweisen, wie der Text konzeptualisiert wird:

> Der Text ist sowohl ein (mentaler) *Raum* als auch ein chronologisch geordneter *Prozess*. Beide Perspektiven können abwechselnd eingenommen werden und sich ergänzen. (Graefen/Thielmann 2007: 87)

Wie verfährt der italienische Übersetzer? Die erste Beobachtung ist, dass von den beiden deiktischen Ausdrücken – *nun* und *hier* – nur das textdeiktisch verwendete *hier* wiedergegeben wird, jedoch als Temporaldeixis (*ora*). Dies könnte darauf hindeuten, dass der italienische Übersetzer den Text als Sequenz von Ereignissen und Handlungen sieht. Für eine differente Verwendung deiktischer Ausdrücke (räumlich vs. zeitlich) lassen sich im Gesamtkorpus der *Annali* diverse Belege finden, in denen der Text entweder als Raum oder als Chronologie konzipiert wird (vgl. Heller 2009a).

Für die Wiedergabe von *nun* wird ein sog. Konnektor herangezogen, funktional-pragmatisch gesehen, ein operatives Ausdrucksmittel (*ma*). Vielleicht könnte man diesbezüglich von einer – übersetzungsbedingten – *Feldtransposition* sprechen (zum Begriff vgl. Ehlich 1994, Redder 2005). Handlungszweck dieser operativen Prozedur ist es, die sprecherseitige Bearbeitung des propositionalen Gehalts der Äußerung evident und dem Hörer (hier: Leser) zugänglich zu machen, und dadurch dessen mentale Verarbeitung zu unterstützen (Ehlich 1993a). Der italienische Übersetzer setzt durch die Verwendung von *ma* ein Signal, das nicht nur eine Erhöhung der Aufmerksamkeit des Lesers bewirkt, sondern im Vergleich zu *nun* auch eine Perspektivenverlagerung mit sich bringt, und zwar in Hinblick darauf, dass der noch darzustellende Zusammenhang (zwischen *Erlebnis und den vorgestellten unterschiedlichen Prinzipien und Inhalten der Lebensführung*) als ein nicht unbedingt offensichtlicher charakterisiert wird. Die Deixis *nun* – und stärker noch der operative Ausdruck *ma* – werden für argumentative Zwecke genutzt.

Schauen wir uns einen weiteren Textauszug an. Er entstammt dem ersten Teil eines Artikels aus dem *Annali*-Themenband *Borderline: Sozialwissenschaften zwischen Grenzziehung und Grenzüberschreitung* (1998). Der Verfasser Hettlage befasst sich in diesem Aufsatz mit der Frage nach dem Verhältnis der Soziologie zu anderen Disziplinen. Diesbezüglich stellt er folgende These auf:

(21) Diese Maxime [= Verzicht wissenschaftlicher Fächer auf Autarkie und Selbstgenügsamkeit] gilt für jeden Ansatz zur Interdisziplinarität (…). Sie ist gültig im besonderen aber für 'meine' drei Fächer Soziologie, Philosophie und Wirtschaftswis-

senschaften, in einem noch spezielleren Maß aber für das Verhältnis von Soziologie und Ethnologie. *Hier* werden zum Teil Forschungsansätze praktiziert, die bis auf die Namensgebung deckungsgleich sind, nur daß man manchmal das Rad eben zweimal erfinden muß. Daß *dies* nicht so sein muß, soll an vier Themenkreisen illustriert werden. Es wird nicht erstaunen, daß ich mich *dabei* solchen Gebieten zuwende, mit denen ich mich selbst befaßt habe. Da man im Grunde nur über das schreibt, wozu man sich von seinem 'daimonion' (und den damit vorgegebenen Wertungen) angetrieben fühlt, sind die Forschungsfragen, die einem nahegehen, eben die existentiellen eigenen Fragen. (dtO 1998 RH)

Von den verschiedenen Verweismitteln, die dieser Abschnitt enthält, werden nur *hier*, *dies* und das deiktisch abgeleitete *dabei* kommentiert, auch in Hinblick auf die Entscheidungen des Übersetzers. Beginnen wir mit dem *hier*-Beleg. Er ist in einen forschungsbezogenen Argumentationszusammenhang eingebettet, in dem der Verfasser behauptet, dass einige der Forschungsansätze, die in den genannten Disziplinen praktiziert werden, sich lediglich in der Etikettierung unterscheiden, aber nicht wirklich in der Substanz. Dass er solche Praktiken als erwartbar einstuft, signalisiert er durch die Verwendung der Partikel *eben (das Rad eben zweimal erfinden*). Der mit der Deixis *hier* in Anspruch genommene Verweisraum ist eine abstrakte Größe, konstituiert durch Wissen. *Hier* bewirkt eine Neufokussierung von Wissenselementen, die in diesem Verweisraum lokalisiert sind: Im vorliegenden Fall geht es um Kenntnisse und Einschätzungen des Verfassers bezüglich üblicher Verfahrensweisen im Wissenschaftsbetrieb, die er an seine Leser weitergibt. In der italienischen Übersetzung dieses Beitrags wird *hier* – wie schon in Beispiel (19) – mit einem analytischen Ausdruck wiedergegeben:

(21a) *Hier* werden zum Teil Forschungsansätze praktiziert, die bis auf die Namensgebung deckungsgleich sind, nur daß man manchmal das Rad eben zweimal erfinden muß. (dtO 1998 RH)

itÜ *In questi due campi* si attuano infatti linee di ricerca che talvolta coincidono in tutto tra loro tranne che nelle denominazioni, se non fosse che, purtroppo, accade talvolta di dover reinventare la ruota.

Die Fokussierung mittels einer Kombination operativer, zeigender und nennender Prozeduren – *in questi due campi* – grenzt die Auswahlmöglichkeiten in Hinblick auf das Verweisobjekt ein: Nicht alle zuvor genannten Disziplinen sind gemeint, sondern nur Soziologie und Ethnologie. Im Unterschied zum deutschen Originaltext, in dem der Verfasser mithilfe der Deixis *hier* das Wissenselement lokalisiert, das Verweisobjekt aber nicht näher bestimmt,[42] optiert der Übersetzer für eine Sicherstellung der seiner Ansicht nach zutreffenden Zuordnung.

Im Folgesatz wird mithilfe der Objektdeixis *dies* zusammenfassend an die vorangehenden Propositionen angeknüpft (*inhaltliche Vergleichbarkeit von Forschungsansätzen trotz unterschiedlicher Etikettierung*):

(21b) Daß *dies* nicht so sein muß, soll an vier Themenkreisen illustriert werden. (dtO 1998 RH)

itÜ Nei quattro temi che affronteremo di seguito cercheremo di dimostrare che *le cose* non devono andare necessariamente così.

Auch hier stünden im Italienischen analoge Ausdrucksmittel (*ciò, questo*) zur Verfügung, wobei *questo* – im Unterschiede zum deutschen *dies* – seltener ohne ergänzende Symbolfeldmittel aus dem Nominalbereich Verwendung zu finden scheint (Vanelli 1995: 296-308, 324-330, 347-350). Der Übersetzer dagegen entscheidet sich nicht für eine zeigende Prozedur, sondern für eine Prozedurenkombination (*le* = operativ + *cose* = nennend), wodurch er allerdings keine Vereindeutigung in Hinblick auf den Verweisgegenstand erreicht. Es kommt eher zu einer Registerverschiebung, da er auf eine idiomatische Fügung zurückgreift, die auch in der Alltagssprache weit verbreitet ist.[43]

Der Verfasser erläutert dann Gründe für die Wahl der Themenkreise, an denen er seine Korrektur plausibel machen will. Er greift in diesem Zusammenhang auf das deiktisch abgeleitete *dabei* zurück, dessen deiktischer Anteil (*da-*) eine Reorientierung auf den zuvor verbalisierten Planungsschritt bewirkt (*soll an vier Themenkreisen illustriert werden*), die mit der Explizierung seiner Schwerpunktsetzung (*Beschäftigung mit Gebieten, mit denen ich mich selbst befaßt habe*) verknüpft wird. Dieser Schritt wird durch den operativen Anteil des zusammengesetzten Verweiswortes (*-bei*) vollzogen.

(21c) Es wird nicht erstaunen, daß ich mich *dabei* solchen Gebieten zuwende, mit denen ich mich selbst befaßt habe. (dtO 1998 RH)

itÜ Non deve stupire che io rivolga la mia attenzione a quelle discipline delle quali mi sono occupato in prima persona.

---

42 Die Leser können allenfalls aus dem nachfolgenden Zahlwort der Fügung *das Rad zweimal neu erfinden* schließen, dass das Verhältnis von Soziologie und Ethnologie gemeint ist. Da es sich aber um eine idiomatische Fügung handelt, ist diese Identifizierung nicht selbstverständlich.

43 Etwa in der – eher floskelhaften – Frage: *Come vanno le cose?*

Die Funktionen von *dabei* gehen über die Wiederaufnahme vorangehender Propositionen hinaus. Als *paraoperativer Ausdruck* dient es – wie Redder (2009) deutlich gemacht hat – dazu, den Verarbeitungsprozess des Lesers in Hinblick auf die Entfaltung von Wissensdimensionen zu unterstützen. Nicht selten zeigt sich eine Einbettung in Aussagen mit eristischer Qualität, im vorliegenden Fall dahingehend, dass eine dieser Wissensdimensionen im Kontrast zu der zuvor angeschnittenen steht, wie bereits durch das einleitende *Dass dies nicht so sein muß* antizipiert wird.[44]

Die Leistungen von *dabei* sind von besonderer Komplexität, weil sie die mentale Ebene betreffen. Das zusammengesetzte Verweiswort ist in der Regel in ein Netz von deiktischen Strukturen eingebunden. Gleichzeitig unterstützt es die Wissensprozessierung beim Leser, indem es eine Relation zu abstrakten Wissenselementen oder nachfolgenden Handlungsschritten herstellt. Diese Vernetzungen nachzuverfolgen und zu explizieren, ist eine Aufgabe von hoher Komplexität und stellt große Anforderungen an den Übersetzer. Nicht zuletzt aus diesem Grund wird auf eine Wiedergabe von *dabei* oft, wie auch in unserem Fall, verzichtet.

Anhand der hier kommentierten Beispiele wird bereits offensichtlich, dass deiktische Mittel – selbst wenn diese im Deutschen und Italienischen in vergleichbaren Formen zur Verfügung stehen – nicht notwendigerweise in gleichem Maße und in gleicher Weise genutzt werden. Dieser Frage soll im Folgenden systematischer nachgegangen werden. Die aufgeführten Textauszüge können aus Platzgründen nicht mit der gleichen Ausführlichkeit besprochen werden wie Beispiele (19-21). Sie enthalten darüber hinaus weitere Verweisausdrücke, die jedoch im Hintergrund bleiben müssen. Die Untersuchung konzentriert sich auf lokaldeiktische Orientierungen, die bei Verweisungen im Text häufig zu beobachten sind:

> Schriftliche Texte sind wie ein fortlaufendes Band zu betrachten, das in gleiche Abschnitte (Seiten) räumlich aufgeteilt sein kann oder ohne solche Gliederungen auskommt (Schriftrolle). Auf Abschnitte dieses Bandes kann mit lokaldeiktischen Ausdrücken zugegriffen werden. Die lokale Origo ist mit der Inskriptionsstelle gegeben, an der der Schreiber und im Nachvollzug der Leser sich aktuell befinden, von dieser Stelle aus kann gezeigt werden. (Hoffmann 1997: 354)

---

44 Die Ausfüllung der Wissensdimensionen wird im unmittelbar folgenden Satz fortgesetzt: "Da man im Grunde nur über das schreibt, wozu man sich von seinem 'daimonion' (und den damit vorgegebenen Wertungen) angetrieben fühlt, sind die Forschungsfragen, die einem nahegehen, eben die existentiellen eigenen Fragen".

Nun haben die oben besprochenen Beispiele bereits deutlich gemacht, dass der Einsatz lokaldeiktischer Ausdrücke in Texten nicht nur auf den Textraum bezogen ist. Auch innerhalb des Textraums sind Differenzierungen notwendig. Im Folgenden wird der Versuch unternommen, zum einen Verweisräume und Verwendungskonfigurationen der lokaldeiktischen Ausdrücke *hier* und *qui* zu identifizieren, zum anderen die jeweiligen übersetzerischen Entscheidungen aufzuzeigen und nachzuvollziehen.

4.2 *hier – qui*

Einen ersten Eindruck der Belegfrequenzen von *hier* und *qui* im *Annali*-Korpus vermittelt die Tabelle 4.1. Die Werte der beiden Ausdrücke in den Teilkorpora deuten darauf hin, dass die räumliche Orientierung in den deutschen Texten grundsätzlich eine größere Rolle zu spielen scheint als in den italienischen:

Tab. 4.1: Lokaldeixeis hier/qui *im Annali-Korpus*

	dtO	dtÜ	itO	itÜ
hier	527	332		
qui			272	401

Dieses Ungleichgewicht spiegelt sich zum einen in der deutlich höheren Zahl der *hier*-Belege in den deutschen Originalen im Vergleich zu den deutschen Übersetzungen. Zum anderen fällt ins Auge, dass die *hier*-Vorkommen im Teilkorpus (dtO) fast doppelt so hoch sind wie die *qui*-Belege in den italienischen Originalen und dass der letztgenannte Wert wiederum weit unter der Zahl der *qui*-Belege in den italienischen Übersetzungen liegt. Allerdings ist bei der Bewertung dieser Unterschiede Vorsicht geboten, weil diese Übersicht auch nicht-textbezogene Verwendungen einschließt. Um ein realistisches Bild der Verhältnisse zu erhalten, müsste man zudem objekt-, temporal- oder paradeiktische Übersetzungsalternativen miterfassen.

Für eine systematische Auswertung wurden die Vorkommen von *hier* und *qui*[45] in den Originalen und Übersetzungen eines Doppelbandes der *Annali* (Band 14/1998) erfasst. Es handelt sich um jeweils vier deutsche und italienische Aufsätze zum Thema *Borderline: le scienze sociali tra confini e*

45 Zusammengesetzte Verweiswörter (wie *hierbei, hierin, hierfür, hiermit, hierzu*) wurden nicht berücksichtigt.

sconfinamenti / Borderline: die Sozialwissenschaften zwischen Grenzziehung und Grenzüberschreitung.

Tab. 4.2: Hier- *und* qui-*Belege im Annali-Korpus (Band 14/1998)*

Verfasser *[ÜbersetzerIn]*	Titel (Quellenverweis)	Belege *hier/qui*
Robert Hettlage	Do good fences make good neighbours? Grenzerfahrungen eines Soziologen (dtO 1998 RH)	26 (*hier*)
Robert Hettlage *[F. Nesi]*	Do good fences make good neighbours? Esperienze di confine dal punto di vista di un sociologo (itÜ 1998 RH)	16 (*qui*)
Andreas Wimmer	Verwischte Grenzen. Zum Verhältnis zwischen Soziologie, Ethnologie und Volkskunde (dtO 1998 AW)	3 (*hier*)
Andreas Wimmer *[J. Landkammer]*	Confini sfumati. Le relazioni tra sociologia, etnologia e studi folklorici (itÜ 1998 AW)	3 (*qui*)
Roland Girtler	Die Kunst der Feldforschung und ihre "10 Gebote": zur Gemeinsamkeit von Soziologie und Ethnologie (dtO 1998 RG)	6 (*hier*)
Roland Girtler *[L. Rega]*	L'arte della ricerca sul campo e i suoi "dieci comandamenti": ciò che accomuna la sociologia e l'etnologia (itÜ 1998 RG)	1 (*qui*)
Christian Giordano	Das "ethnologische Denken" Max Webers. Zur Laufbahn eines "borderliner" (dtO 1998 CG)	8 (*hier*)
Christian Giordano *[L. Cimmino]*	Il "pensiero etnologico" di Max Weber. La carriera di uno studioso "borderline" (itÜ 1998 CG)	6 (*qui*)
Umberto Melotti	L'esigenza di una nuova scienza unitaria dell'uomo e della società (itO 1998 UM)	12 (*qui*)
Umberto Melotti *[W. Menapace]*	Von der Notwendigkeit einer neuen ganzheitlichen Wissenschaft vom Menschen und von der Gesellschaft (dtÜ 1998 UM)	10 (*hier*)
Carlo Tullio-Altan	Borderline. Fra che cosa e come? (itO 1998 CT-A)	2 (*qui*)
Carlo Tullio-Altan *[W. Menapace]*	Borderline. Wozwischen und wie? Grundlage und Ort der gesellschaftlichen Werte (dtÜ 1998 CT-A)	4 (*hier*)
Roberto Fideli	Il mito del confine (itO 1998 RF)	1 (*qui*)
Roberto Fideli *[M. Heissenberger]*	Der Mythos der Grenze (dtÜ 1998 RF)	0 (*hier*)

Amalia Signorelli	Attraversando i confini: nuove competenze per nuovi oggetti di ricerca? (itO 1998 AS)	1 (*qui*)
Amalia Signorelli *[A. Hornung]*	Grenzüberschreitungen: neue Zuständigkeiten für neue Forschungsgegenstände? (dtÜ 1998 AS)	2 (*hier*)

Die großen Unterschiede in der Häufigkeit der erfassten Ausdrücke hängen zweifellos auch mit individualstilistischen Präferenzen zusammen. Schaut man sich jedoch die Gesamtsumme der *hier*- und *q5ui*-Belege in dem untersuchten Band an (im Vergleich zu dem Bestand in den für eine computergestützte Erfassung aufbereiteten Bänden (1991-2002) aus dem *Annali*-Korpus), so ergeben sich einige Ähnlichkeiten.

Tab. 4.3: Hier- *und* qui-*Belege in Originalen und Übersetzungen von Band 14 (1998/1999) und im Annali-Gesamtkorpus (1991-2002)*

	dtO		itÜ		itO		dtÜ	
Bände	1998/99	1991-2002	1998/99	1991-2002	1998/99	1991-2002	1998/99	1991-2002
hier	43	527					16	332
qui			26	401	16	272		

Generell zeigt das Vorkommen in dem hier untersuchten Themenband in zweifacher Hinsicht ähnliche Tendenzen wie eine Bestandsaufnahme der – sich formal entsprechenden – Deixeis (*hier/qui*) im Gesamtkorpus der *Annali*. Es finden sich deutlich mehr *hier*-Belege in den deutschen Originalen (dtO) im Vergleich zu den deutschen Übersetzungen (dtÜ) und den *qui*-Belegen in den italienischen Originalen (itO).

Diese Bestandsaufnahme deutet bereits darauf hin, dass das deiktische Ausdrucksinventar in deutschen und italienischen Wissenschaftstexten nicht in vergleichbarer Weise in Anspruch genommen wird. Es mag nahe liegen, dass es sich bei den *qui*-Belegen im Teilkorpus itÜ stets um Übersetzungen von *hier*-Vorkommen im Teilkorpus dtO handelt und umgekehrt, dass die *hier*-Belege in den deutschen Übersetzungen Wiedergaben aller *qui*-Belege einschließen. Dies ist jedoch – wie sich bereits in den eingangs besprochenen Beispielen andeutet – nicht notwendigerweise der Fall. Einige *hier*-Belege der Übersetzungen haben keine Entsprechungen im Original, etwa wenn Fußnoten von der Redaktion hinzugefügt wurden, um übersetzerische Entscheidungen zu erklären. Unter den *qui*-Belegen der italienischen Originale finden sich zudem übersetzte Zitate (in denen *qui*-Vorkommen belegt sind), die in den deutschen Fassungen nicht neu übersetzt werden, sondern bei denen die Übersetzer auf bereits vorliegende Übersetzungen zurückgreifen. Solche Fälle werden nicht berücksichtigt.

Die Extension des Verweisraumes von *hier* (und *qui*) variiert stark und ist im Einzelfall schwer festlegbar. Sieht man von der Verwendung in Zitaten und festen terminologischen Verbindungen ab, verbleiben im *Annali*-Band 14 (Teilkorpus dtO) 38 *hier*-Belege, deren Verteilung im Folgenden zusammenfassend besprochen wird.

4.2.1 *hier* im Teilkorpus dtO (*Annali*, Band 1998)

Wissensraum

Der überwiegende Anteil der *hier*-Belege (26/38) betrifft Verweisungen im Wissensraum. Aktualisiert werden die jeweiligen Wissensbestände vor allem in Passagen mit eristischer Qualität, die aufgrund des kritischen Grundtenors einzelner Beiträge in großer Zahl nachweisbar sind[46]:

(22) *Hier* beginnt aber der Bruch. Es ist nämlich nur ein kleiner, aber entscheidender Schritt, nun zu unterstellen, daß ... Gerade das ist aber zu bestreiten. (dtO 1998 RH)

itÜ Qui si crea però la frattura. È infatti un passo piccolo, ma decisivo, quello di sostenere che ... Ma proprio questo va contestato.

(23) *Hier* reden Wirtschafts- und Sozialwissenschaften aneinander vorbei. Die Hypothese der ersteren wird zum unhinterfragten Axiom. (dtO 1998 RH)

itÜ *Su questo punto* le scienze economiche e le scienze sociali parlano due lingue diverse. L'ipotesi delle scienze economiche viene elevata al rango di assioma indiscusso, valido per tutto l'agire umano.

(24) Diese Bemerkungen über Modernität und Persistenz legen eine Überlegung zur Forschungsmethode nahe. Auch *hier* können die Fächer voneinander lernen. (dtO 1998 RH)

itÜ Queste osservazioni su modernità e persistenza ci inducono ad una riflessione sul metodo dell'indagine. Anche *qui* le discipline hanno qualcosa da imparare le une dalle altre.

---

46 Vgl. insbesondere Hettlages Beitrag über das Verhältnis der Soziologie zu den Nachbardisziplinen, auf den der größte Teil der Belege von hier entfallen. Zu Erscheinungsformen wissenschaftlicher Eristik vgl. Ehlich (1993b) sowie – bezogen auf das Sprachenpaar Deutsch-Italienisch – da Silva (2010).

Die Verwendungen von *hier* können aus Platzgründen nicht in größerem Textzusammenhang wiedergegeben werden. Sie vermitteln jedoch einen Eindruck davon, dass *hier* – wie Graefen (1997: 245) zutreffend beschreibt – "der geeignete Ort für eine Schlußfolgerung oder Beurteilung" zu sein scheint. Bei den Beispielen (22-24) handelt sich um Stellungnahmen, in denen sich der Verfasser in einen kritischen Diskurs einbringt. Seine Positionierung wird durch die Signalwirkung von *hier* unterstützt, indem die Aufmerksamkeit des Lesers innerhalb des Wissensraums auf den für die Argumentation des Verfassers relevanten Wissensbestand gelenkt wird. Eine ähnliche Signalfunktion von *hier*, die jedoch nicht auf – im engeren Sinne – eristische Dimensionen der Argumentation bezogen ist, zeigen auch die resümierenden Aussagen in folgenden Beispielen (25) und (26), die aus zwei aufeinanderfolgenden Abschnitten stammen, in denen verschiedene Aspekte der Debatte über Multikulturalismus und Interkulturalismus zusammengefasst werden:

(25) ... sei es, um diese in die dominante, öffentliche Sphäre einzugliedern, sofern sie es wünschen, sei es, um die Differenz als *public ethnicity* von der Majorität anerkannt und geschützt zu bekommen. Multikulturalität ist *hier* ein *Teilnahmekonzept.* (dtO 1998 RH)

itÜ … sia affinché essi vengano integrati nella sfera pubblica dominante nella misura in cui lo desiderano, sia affinché essi vedano riconosciuta e tutelata la propria specificità come public ethnicity da parte della maggioranza. *In questo contesto* la multiculturalità rappresenta un programma basato sulla partecipazione. (itÜ 1998 RH)

(26) Demgegenüber steht das Gleichheitskonzept. (…) Erwartet wird dabei, daß sich Tradition und Moderne, verschiedene Kulturen oder Lebensstile zu einem hybriden Gemisch problemlos verbinden lassen. "Multikulti" ist *hier* ein *Kulturmischungsansatz.* (dtO 1998 RH)

itÜ A ciò si contrappone il concetto di eguaglianza. (…) Ci si aspetta dunque che tradizione e modernità, culture e stili di vita diversi possano agevolmente combinarsi tra loro in una miscela ibrida. "Multicultura" indica *qui* un approccio incentrato sulla mescolanza di culture. (itÜ 1998 RH)

In beiden Fällen leitet *hier* die Schlussfolgerung ein, die den jeweiligen Absatz abschließt. Die Origo lässt sich auf "den im wissenschaftlichen Text sich niederschlagenden Erkenntnisprozeß" beziehen (Ehlich 1993b: 27; s. Graefen 1997: 245).

Blickt man auf die Übersetzungen von *hier*-Verwendungen im Wissensraum, zeigt sich, dass in weniger als der Hälfte aller Vorkommen (11/26) auf die Deixis *qui* zurückgegriffen wird. Ansonsten sehen die Übersetzer von einer

Wiedergabe entweder gänzlich ab (6/26) oder bedienen sich Kombinationen von operativen, zeigenden und nennenden Prozeduren (9/26).

Auch in den hier aufgeführten Beispielen alternieren solche Mehrworteinheiten (*su questo punto, in questo contesto*) mit der Deixis *qui*. Wenn ein neuer Argumentationsschritt eingeleitet wird, greift der Übersetzer auf analytische Ausdrücke zurück, deren Symbolfeldanteil das Verweisobjekt näher bestimmt. Bei analoger Positionierung im gleichen argumentativen Zusammenhang unterbleibt eine solche Präzisierung und *hier* wird mit *qui* übersetzt, wie in Beispiel (26).

Im Allgemeinen verzichten die deutschsprachigen Autoren der ausgewerteten Aufsätze auf Desambiguisierungen der Deixis *hier* durch präzisierende Ergänzungen und explizite Nennung des Verweisobjektes. Ausnahmen bilden die folgenden Beispiele (27, 28), in denen die Zuordnung der jeweiligen Wissenselemente durch eine anschließende Benennung sichergestellt wird, eine Vorgehensweise, die in der Übersetzung übernommen wird.

(27) Im ersteren Fall hat das Postulat seinen guten Sinn, schließt aber die philosophischen Fragen nach dem Gesamtzustand der Welt und des Menschen nicht aus. *Hier, bei den vier kantischen Grundfragen*, treffen sich eine sociologia perennis und eine philosophia perennis. (dtO 1998 RH)

itÜ Nel primo caso il postulato ha un suo senso, tuttavia non esclude interrogativi filosofici sulle condizioni generali del mondo e dell'uomo. *Qui, riguardo alle quattro domande fondamentali kantiane*, si incontrano una sociologia perennis e una philosophia perennis.

In Beispiel (28) wird zudem eine veränderte Perspektive auf das aktualisierte Wissenselement sichtbar, und zwar von der räumlichen Ebene hin zur temporalen Prozessierung, ähnlich wie es bereits in textdeiktischen Verwendungen von *hier* zu beobachten war (Beispiel 20).

(28) Alles, was fraglos verinnerlicht war, wird wieder nach außen geworfen und damit verfremdet. *Aber genau hier, in der Not,* den Alltag und die Identitätsarbeit zwischen zwei Attraktionspolen leisten zu müssen, liegt auch der Ansatzpunkt für einen innovativen Konstruktionsvorgang … (dtO 1998 RH)

itÜ Tutto quello che prima era stato interiorizzato senza problemi, viene ora nuovamente espulso all'esterno e quindi estraniato. *Ma è proprio allora, nel momento in cui si pone la necessità* di svolgere le incombenze quotidiane e di lavorare sulla propria identità muovendosi tra due poli di attrazione …

Auf die Wiedergabe von *hier* mit Wissensbezug wird in der Übersetzung regelmäßig dann verzichtet, wenn im Ausgangstext mehrere deiktische Elemente auftauchen, die bereits Verdeutlichungsfunktionen in Hinblick auf die illokutive Qualität der Äußerung (als Schlussfolgerung) ausüben, so wie im folgenden Beispiel (*hier... also/così*):

(29) Chombart ist mit dieser 'ethnologie sociale' ein Vorläufer der heute modern gewordenen "Soziologie des Alltags". *Hier* schließt sich *also* der Kreis, er macht die Verknüpfung von Soziologie und Ethnologie deutlich. (dtO 1998 RG)

itÜ Con la sua 'ethnologie sociale' Chombart ha precorso l'attuale "sociologia della quotidianità". *E così* si chiude il cerchio con l'evidente collegamento tra sociologia ed etnologia. (itÜ 1998/99 RG)

Textraum

Textdeiktische Verwendungen von *hier* sind in kommentierende Handlungen eingebunden, mit denen der Verfasser Hinweise auf seine Zielsetzung und sein Vorgehen gibt oder seine jeweiligen sprachlichen Handlungen explizit macht. In den ausgewerteten Texten liegen sie in 7/38 Fällen vor und sind somit gegenüber den Verweisungen im Wissensraum (26/38) deutlich geringer vertreten. Verweisobjekt sind entweder der Gesamttext (Beispiele 30-32), nachfolgende Textpassagen (katadeiktische Verwendung, s. Beispiel 33) oder die jeweilige Textstelle (Beispiel 34). Bei Verzichtserklärungen, die sich auf den Gesamttext beziehen, zeigt sich die Tendenz, dass in der Übersetzung Prozedurenkombinationen verwendet werden. Die Mehrworteinheiten bestehen aus operativen und nennenden sowie deiktischen oder paradeiktischen[47] Komponenten (wie etwa in Beispiel 30: *presente*).

(30) Ein fachhistorischer Überblick zur Rezeption des "Charisma"-Konzepts in der Ethnologie würde zweifelsohne den Rahmen dieses Beitrages sprengen, … *Hier* soll es also vielmehr darum gehen zu zeigen, … (dtO 1998 CG)

→ *hier*: Gesamttext

itÜ Una panoramica storica sulla recezione del concetto di "carisma" in etnologia eccederebbe sicuramente i limiti del presente contributo, dato che …. *Nel presente lavoro* si tratta piuttosto di mostrare … (itÜ 1998 CG)

(31) Es steht *hier* nicht zur Debatte, ob der Soziologie mehr als anderen Fächern Berührungsängste anzulasten sind. … (dtO 1998 RH)

→ *hier*: Gesamttext

---

47 Im Fall von *presente* liegt eine *Feldtransposition* (Ehlich 1994) vor, indem ein Ausdruck aus dem Symbolfeld deiktisch, d.h. zu Orientierungszwecken, funktionalisiert wird (= Paradeixis).

itÜ Il problema non è se alla sociologia debba essere imputata, più che ad altre discipline, una particolare "paura del contatto". ...

Beispiel (31) leitet im Anschluss an das eingangs zitierte Beispiel (21) einen neuen Abschnitt ein. Der diesem Satz vorausgehende Hinweis auf die Vorgehensweise (s. Beispiel 21c: *Es wird nicht erstaunen, daß ich mich dabei solchen Gebieten zuwende, mit denen ich mich selbst befaßt habe*) legt eine textdeiktische Verwendung von *hier* nahe. Es ist aber nicht eindeutig zu entscheiden, ob es sich um einen Gesamttextbezug handelt oder um eine Fokusverengung (auf die aktuelle Textstelle). Ob diese Ambiguität den Übersetzer veranlasst hat, von einer Wiedergabe von *hier* abzusehen, ist eine offene Frage. Es kann aber auch sein, dass dieser Verzicht mit der formelhaften Verfestigung zusammenhängt. Der Ausdruck *es steht nicht zur Debatte* wird häufig durch *hier* ergänzt, während die italienische Formulierung *il problema non è* seltener mit einem deiktischen Ausdruck kombiniert wird.[48]

Textdeiktische Verwendungen von *hier* verbinden sich in aller Regel mit verbalen Ausdrücken, die zum Teil auf die vom Verfasser intendierte Erkenntnisvermittlung abheben (wie in 30: *zeigen/mostrare*), zum Teil auf den Argumentationsvorgang bezogen sind (wie in 31: *zur Debatte stehen/essere il problema*) oder aber die jeweiligen sprachlichen Handlungen selbst bezeichnen (wie in 32: *diskutieren*; in 33: *skizzieren* oder in 34: *behaupten*.)

(32) Auch an Hochschulen sollte für derartige Unternehmen – an denen sich neben den drei *hier* diskutierten Disziplinen je nach Problemstellung auch weitere Fächer beteiligen müssten – mehr Raum geschaffen werden. (dtO 1998 AW)

→ *hier*: Gesamttext

itÜ Anche nelle università si dovrebbe creare maggiore spazio per imprese di questo tipo alle quali dovrebbero partecipare, a secondo della tematica affrontata oltre alle tre discipline *qui* discusse, anche altre materie. Il problema non è se alla sociologia debba essere imputata, più che ad altre discipline, una particolare "paura del contatto". ...

(33) Versuchen wir *hier* jedoch *vorerst* zu skizzieren, wie Weber selbst seinen Entwurf einer "verstehenden Soziologie" (...) aufgefasst hat. (dtO 1998 CG)

→ *hier*: nachfolgende Textpassage (katadeiktische Verwendung)

itÜ Cerchiamo comunque *anzitutto* di abbozzare come ha concepito lo stesso Weber il suo progetto di una "sociologia comprendente" (...), basata sul "comprendere".

---

48 In den *Annali*-Texten finden sich nur Vorkommen ohne deiktische Anteile (*il problema non è / non si pone / non può non porsi* etc.).

(34) Wie bereits gesagt, wird häufig Arnold van Gennep als der geistige Vater Turners betrachtet. Ich möchte *hier* aber behaupten, dass… (dtO 1998 CG)

→ *hier*: aktuelle Textstelle

itÜ Come detto, è Arnold van Gennep a venire spesso considerato il padre spirituale di Turner. Ma vorrei *qui* sostenere la tesi che…

Nicht zuletzt aufgrund dieser verbalen Kookkurrenzen sind solche Verwendungen von *hier* leicht als textdeiktisch identifizierbar. Es ist möglich, dass angesichts des eindeutiger zu bestimmenden Verweisraums in solchen Fällen häufiger mit *qui* operiert wird (Beispiele 32 und 34). Die übersetzerischen Entscheidungen deuten aber auch darauf hin, dass Mehrfachverweise im Ausgangstext nicht in gleichem Maße in die Übersetzung übernommen werden (so etwa in 33: *hier ... vorerst anzitutto*).

Textraum oder Wissensraum?

Die Bestimmung der Verweisräume – und der Verweisobjekte – ist im Einzelfall nicht immer eindeutig festlegbar. Dass die Grenzen zwischen Textraum und Wissensraum zum Teil verschwimmen, hängt mit der abstrakten Dimension von Text- und Wissensraum zusammen. Die Verwendung von *hier* wäre in solchen Fällen sowohl mit 'an dieser Stelle' als auch mit 'in diesem Zusammenhang' paraphrasierbar:

(35) Als besonders tragfähig erwiesen sich die politischen Strukturen. Sie wurden so konstruiert, daß sie einem möglichst spannungsarmen, kollektiven Handeln dienten. Zu nennen sind *hier* der Staatsaufbau "von unten"… (dtO 1998 RH)

itÜ Particolarmente solide si sono rivelate le strutture politiche. Esse sono state costruite in modo tale da favorire un agire collettivo quanto più possibile privo di tensioni. In particolare vanno *qui* ricordate la struttura statale "dal basso"...

Der inhaltliche Zusammenhang von (35) betrifft die Konstruktion politischer Strukturen, die in der vorangehenden Textpassage behandelt und so als gemeinsamer Wissensbestand etabliert wurde, auf den der Verfasser mit *hier* (*qui*) Bezug nimmt. Gleichzeitig benennt er seine eigene sprachliche Handlung (*zu nennen sind/vanno ricordate*), die mit *hier (qui)* an der aktuellen Textstelle verankert wird.

Auch in folgendem Fall (36) ist die Zuweisung des Verweisobjekts nicht eindeutig:

(36) Zur Erläuterung des geringen Echos der Weberschen Ideen zu seiner Lebzeit muss *hier* ein weiterer und meines Erachtens viel wichtigerer Aspekt berücksichtigt werden: die Tatsache nämlich, dass... (dtO 1998 CG)

itÜ *Ma* per illustrare la scarsa eco delle idee di Weber durante la sua vita occorre considerare un ulteriore, e a mio avviso molto più importante, aspetto: il fatto cioè che...

Mit *hier* wird die Einbeziehung eines spezifischen Wissensbestands in Bezug zu einem sprachlichen Handlungszusammenhang (Erläuterung der Weberrezeption) der Argumentation gesetzt. Dieses Wissenselement (Weber als '-Grenzgänger' zwischen unterschiedlichen Disziplinen) wird vom Verfasser als bisher nicht ausreichend berücksichtigt und als wesentlich für die Erkenntnisgewinnung (bezogen auf ein Verständnis der geringen Weberrezeption zu seinen Lebzeiten) herausgehoben (*ein weiterer und viel wichtigerer Aspekt/un ulteriore, e a mio avviso molto più importante, aspetto*). Gleichzeitig verweist *hier* auf die unmittelbar nachfolgenden Textpassagen, in denen dieser Wissensbestand weiter ausgebaut und untermauert wird.

Der Übersetzer verzichtet auf eine Orientierung des Lesers und fügt stattdessen ein operatives Ausdrucksmittel ein. Das einleitende *ma* bewirkt – wie schon in Beispiel (20) – eine Erhöhung der Aufmerksamkeit seitens des Lesers in Hinblick auf den nachfolgend ausgeführten Sachverhalt, der als ein für den Erkenntniszugewinn relevanter, aber nicht unmittelbar naheliegender Wissensbestand gekennzeichnet wird, mit dem sich der Verfasser als Experte positioniert.

4.2.2 *qui/hier* in den Teilkorpora itO / dtÜ (*Annali*, Band 1998)

Es fragt sich nun, ob – trotz der oben genannten quantitativen Differenzen zur Nutzung von *hier* – die Deixis *qui* zu vergleichbaren Zwecken und mit gleichen Schwerpunktsetzungen in Hinblick auf die in Anspruch genommenen Verweisräume eingesetzt wird. Sieht man von einer Verwendung in einem Zitationszusammenhang ab, ergibt ein Überblick über die verbleibenden 15 *qui*-Belege eine insgesamt spiegelverkehrte Situation gegenüber der Verwendung von *hier* in den deutschen Originalen.

Wissensraum

Nur in einem Fall wird *qui* zur Orientierung im Wissensraum verwendet, ein Bezug, der durch ein kognitionsbezogenes Verb (*pensare/denken*) unterstrichen wird:

(37) Non si deve pensare ovviamente *qui* al soggetto inteso come anima o come ente metafisico, ma.. (itO 1998 CT-A)

dtÜ Natürlich darf man *hier* nicht an ein Subjekt im Sinne einer Seele oder eines metaphysischen Wesens denken, sondern…

Textraum

Der überwiegende Anteil der *qui*-Belege (14/15) entfällt auf den Textraum und verbindet sich mit sprechhandlungsbezeichnenden oder argumentationsbezogenen verbalen Ausdrücken. Drei Belege beziehen sich auf den Gesamttext und werden jeweils mit *hier* übersetzt:

(38) La spinta all'iperspecializzazione comporta, per restare a ciò che più direttamente ci interessa *qui*, la tendenza al riduzionismo disciplinare e al relativo «imperialismo». (itO 1998 UM)

→ *qui*: Gesamttext

dtÜ Die Entwicklung hin zur Überspezialisierung bringt, um bei dem zu bleiben, was uns *hier* unmittelbar interessiert, die Tendenz zu einem disziplinorientierten Reduktionismus und zu einem entsprechenden «Imperialismus» mit sich.

(39) Al contrario della tradizionale «interdisciplinarità» […] l'accostamento transdisciplinare e dialettico *qui* caldeggiato riposa sulla piena consapevolezza che … (itO 1998 UM)

→ *qui*: Gesamttext

dtÜ Im Unterschied zur traditionellen «Interdisziplinarität», […], beruht der *hier* vertretene disziplinübergreifende und dialektische Ansatz auf dem vollen Bewußtsein, dass …

(40) Del primo tipo di storia *qui* non ci occuperemo oltre. (itO 1998 UM)

→ *qui*: Gesamttext

dtÜ Mit der ersten Art von Geschichtswissenschaft wollen wir uns *hier* nicht weiter befassen

Die verbleibenden Verwendungen dienen einer Verweisung innerhalb des Textraums, und zwar in 7/14 Fällen der Orientierung auf die jeweilige Textstelle (Beispiel 41), in jeweils 2/14 Fällen auf vorangehende Textpassagen (anadeiktische Verwendungen, s. Beispiel 42) oder zu einer Vororientierung des Lesers (katadeiktische Verwendungen, s. Beispiel 43) durch Einbettung in kommentierende Hinweise zur Textorganisation. Die damit zusammenhängenden Schritte sprachlichen und forschenden Handelns werden durch die jeweiligen verbalen Ausdrücke explizit gemacht (z.B. 41: *ricordare/erinnern,* 42: *presentare/darstellen,* 43: *proporre/vorstellen,* 44: *ripercorrere/aufrollen*, 45: *discutere/klären*; 46: *citare/*ein *Zitat*).

(41) Gli esiti di una siffatta posizione teorica possono essere toccati con mano. Mi limito a ricordare *qui* come lo stesso Comte, ... abbia prospettato la sociologia come la scienza n+1 dedita al campo comune delle *n* scienze. (itO 1998 UM)

→ *qui*: aktuelle Textstelle

dtÜ Die Ergebnisse einer derartigen theoretischen Position liegen auf der Hand. Ich möchte *hier* nur daran erinnern, daß auch Comte, [...] die Soziologie als n+1te Wissenschaft gesehen hat, die sich demjenigen widmet, was die anderen n Wissenschaften gemeinsam haben.

(42) Questi tre momenti, che si sono presentati *qui* per esigenze didascaliche come distinti, formano in realtà un atto unitario... (itO 1998 CT-A)

→ *qui*: vorangehende Textpassagen (anadeiktische Verwendung)

dtÜ Diese drei Momente, die *hier* aus Gründen der Anschaulichkeit getrennt dargestellt wurden, bilden in Wahrheit einen einheitlichen Akt...

(43) Mi proverò *qui* a proporre alcuni temi, rispetto ai quali le differenze tra antropologia e sociologia mi appaiono a tutt'oggi significative; e utili. (itO 1998 AS)

→ *qui*: nachfolgende Textpassagen (katadeiktische Verwendung)

dtÜ Ich möchte *hier* einige Themen vorstellen, für deren Behandlung meines Erachtens auch heute noch die Unterschiede zwischen Anthropologie und Soziologie bedeutsam – und nutzbringend – sind.

Was die übersetzerischen Entscheidungen betrifft, zeigt sich, dass Wiedergaben von *qui* mit *hier* dominieren. Nur in zwei Fällen greifen die Übersetzer zur punktuellen Verweisung im Textraum auf den analytischen Ausdruck *an dieser Stelle* (s. Beispiel 44) zurück.

(44) Non è il caso di ripercorrere *qui* a passo a passo la storia dei successivi sviluppi del rapporto fra il marxismo e le scienze. (itO 1998 UM)

→ *qui*: aktuelle Textstelle

dtÜ Es erübrigt sich, *an dieser Stelle* noch einmal Schritt für Schritt die weitere Entwicklung des Verhältnisses zwischen Marxismus und den Einzelwissenschaften aufzurollen.

Bei einer textdeiktischen Verwendung von *qui* optiert der Übersetzer für die Planungsdeixis *nun* und rückt auf diese Weise den unmittelbar bevorstehenden Handlungsschritt in den Vordergrund:

(45) Il problema da discutere *qui* è se la componente ideologica sia predominante anche nell'etologia moderna e nella sociobiologia o, comunque, ne infici ogni valore scientifico. (itO 1998 UM)

→ *qui*: nachfolgende Textpassagen (katadeiktische Verwendung)

dtÜ *Nun* gilt es zu klären, ob die ideologische Komponente auch in der modernen Ethologie und in der Soziobiologie vorherrschend ist und ob dies den wissenschaftlichen Wert dieser Wissenschaften gänzlich aufhebt.

In zwei Fällen bedient sich der Übersetzer einer Prozedurenkombination durch deiktisch abgeleitete, paraoperative Ausdrücke. In (46) wird auf diese Weise zum einen eine Refokussierung (*da-*) des zuvor angesprochenen neuen Wissenselements (in Hinblick auf die Beurteilung des italienischen Marxismus) bewirkt, zum anderen eine engere Relationierung des nachfolgenden Zitats, mit dem dieses Wissenselement dokumentiert und dadurch abgesichert wird.

(46) Peraltro anche nel marxismo italiano non sono mancate delle voci più critiche, ancorché minoritarie. Basti *qui* citare quanto ha scritto a proposito dell'etologia uno dei più autorevoli dissenzienti:... (itO 1998 UM)

→ *qui*: aktuelle Textstelle

dtÜ Allerdings gab es auch innerhalb des italienischen Marxismus kritischere Stimmen, wenn sie auch in der Minderheit waren. *Dazu* ein Zitat eines der angesehensten Dissidenten, der in bezug auf die Ethologie geschrieben hat:...

Die Fallstudie macht in Hinblick auf die Frage, in welchen Verwendungszusammenhängen analoge deiktische Mittel in den beiden Teilkorpora (dtO und itO) genutzt werden, einige Divergenzen sichtbar. Zum einen wird *hier* in den deutschen Originaltexten des *Annali*-Korpus erheblich häufiger eingesetzt als *qui* in den italienischen Originaltexten, zum anderen zeigen sich unterschiedliche Schwerpunktsetzungen in Hinblick auf die jeweiligen Verweisräume.

Im Teilkorpus dtO tritt das textdeiktisch verwendete *hier* zurück. Es dominieren Fokussierungen von Elementen des Wissensraums, die allerdings mit dem Textraum in Verbindung stehen. Solche Fokussierungen unterstützen den Argumentations- und Erkenntnisprozess, so wie es auch von Graefen (1997: 246) mit Bezug auf die Charakterisierung von *hier* bei Klein (1978: 24) beschrieben wird:

> Der Ausdruck *hier* eignet sich dazu, einen bestimmten mentalen Ort im 'Durchgang' durch die Sprechhandlungsverkettung als aktuell relevanten zu fixieren. Die Abstraktheit besteht darin, daß der jeweils gemeinte 'Aufenthaltsort' nicht wahrnehmbar gegeben ist, sondern nur im Wissensraum entdeckt werden kann. (Graefen 1997: 246)

Demgegenüber wird die Deixis *hier* im Teilkorpus itO der ausgewerteten *Annali*-Beiträge nur minimal für Verweisungen im Wissensraum eingesetzt. Sie dient vor allem der Explizierung von Schwerpunktsetzungen in Hinblick auf das Anliegen der Verfasser sowie der Orientierung innerhalb des Textraums.

Was übersetzerische Fragen betrifft, ließ sich feststellen, dass Prozedurenkombinationen mit Symbolfeldmitteln in den deutschen Übersetzungen von Orientierungshandlungen mit *qui* selten sind. Die italienischen Übersetzer greifen bei der Wiedergabe von *hier* in etwa der Hälfte der Fälle entweder auf alternative Ausdrucksmittel zurück (primär in Form von Prozedurenkombinationen) oder verzichten auf Orientierungshandlungen. Das konnte vor allem dann beobachtet werden, wenn Mehrfachverweisungen vorliegen oder wenn der Verweisraum und dessen Ausdehnung nicht eindeutig zu bestimmen sind. Wenn im deutschen Ausgangstext sowohl lokal als auch temporal orientiert wird, wird in der italienischen Übersetzung regelmäßig nur der temporaldeiktische Ausdruck wiedergegeben. Diese Beobachtungen können ein Anzeichen dafür sein, dass im Italienischen der Schwerpunkt eher auf die zeitliche Prozessierung wissenschaftlichen Handelns gelegt wird, während die Prozessierung im Deutschen textuell eher räumlich umgesetzt wird.

5 Verbale Ressourcen

Im Zuge der Entwicklung und des damit einhergehenden Strukturausbaus der deutschen Wissenschaftssprache hat sich ein reiches Ausdrucksinventar herausgebildet, das für diskursive Darstellungen wissenschaftlicher Arbeit fachübergreifend genutzt wird. Die außerordentliche Produktivität des Deutschen im Bereich der Wortbildung stellt für die Ausdruckserfordernisse der *alltäglichen Wissenschaftssprache* (Ehlich 1999) eine besondere Ressource dar. Dies gilt insbesondere für den Verbwortschatz. Vgl. etwa folgenden Auszug aus einem Überblicksartikel zur umweltsoziologischen Diskussion in Deutschland:

(47) Schließlich lässt sich *feststellen*, dass die theoretischen Grundsatzdebatten in der Umweltsoziologie überwiegend ohne Bezug zu empirischen Untersuchungen geführt werden. Sofern nicht ausschließlich theoretische Konzepte *dargestellt* werden, wird Empirie häufig nur zur Veranschaulichung von theoretischen Deduktionen *herangezogen*. Oder es werden Theorien für Konzipierung und Interpretation empirischer Forschungen in solchen Feldern *verwendet*, in denen sie sich besonders *bewähren* können. Dagegen wäre nichts *einzuwenden*, solange daraus nicht *abgeleitet* wird, dass sich damit die entsprechende Theorie als geeignete Grundlage für "die" Umweltsoziologie *erwiesen* habe. (dtO 2000/01 WR)

Die Verwendung verbaler Ausdrücke, wie sie in dieser Passage greifbar wird, soll im Folgenden näher beleuchtet werden, insbesondere in Hinblick auf die Frage, wie italienische Muttersprachler bei der Übersetzung dieser für die deutsche Sprache so typischen komplexen Verben vorgehen. Nach einigen Anmerkungen zur kategorialen Einordnung (5.1) werden zunächst Beobachtungen vorgestellt, die sich einer vergleichenden Betrachtung von Originalbeiträgen und ihren Translaten aus dem *Annali*-Korpus ergeben (5.2). Im Anschluss daran (5.3) wird das Vorkommen verbaler Ausdrücke im Kontext der genannten Handlungstypen (TK, LitD) anhand von Texten untersucht, in denen die diskursive Darstellung und Wiedergabe wissenschaftlicher Handlungsabläufe eine besondere Rolle spielt und demzufolge eine Konzentration damit zusammenhängender verbaler Ausdrücke zu erwarten ist. Grundlage dieser zweiten Fallstudie ist ein Vergleich von Rezensionen aus deutschen und italienischen Fachzeitschriften der Rechtswissenschaft.[49]

---

49 In dieses Kapitel wurden Auszüge aus Beiträgen eingearbeitet, die in den Festschriften für R. Arntz und M. Soffritti erschienen sind (s. Heller 2008c und 2009b).

5.1 Wortbildung im Verbalbereich: einige Phänomene

Verben werden in handlungstheoretischer Sicht als Symbolfeldmittel gewertet, sie "benennen Wirklichkeitselemente unter dem Aspekt ihrer Veränderung" (Redder 2011: § 3). Handlungsdifferenzierungen im Verbalbereich werden vor allem durch Phänomene der Derivation und Inkorporation[50] umgesetzt: Präfigierung und "die Präferenz des Deutschen für Partikeln, die die Aktionsart verdeutlichen und das Handeln oft räumlich und deiktisch perspektivieren" (Fandrych 2005: 32), führen zu einem reichen Bestand komplexer Verben, die in wissenschaftlichen Texten zur Bezeichnung mentaler Tätigkeiten und Prozesse sowie des sprachlichen Handelns selbst verwendet werden. Beispiele sind nichttrennbare Verben wie *begreifen, behaupten, ergründen, verdeutlichen, verwenden* sowie trennbare Verben wie *ableiten*, *aufzeigen*, *darstellen*, *eingrenzen, einwenden, feststellen, heranziehen, herausarbeiten, hervorheben, nachgehen, zurückkommen* etc.

In Hinblick auf Statusbestimmung, Kategorisierung und verwendete Nomenklatur solcher Verben gehen die Ansichten der Forschung z.T. weit auseinander. Dies zeigt sich für das Deutsche bereits an der Vielfalt der Bezeichnungen (vgl. Kolehmainen 2005) sowie an der Bandbreite der sprachwissenschaftlichen Beschreibungsansätze in gängigen Grammatiken und Nachschlagewerken zur deutschen Wortbildung (für einen Überblick s. Becker/Peschel 2003).

Im Folgenden wird der Terminus *Präfixverb* ausschließlich für nichttrennbare Verben verwendet, d.h. für Verben mit gebundenen, unselbstständigen Morphemen als Erstglied (wie *bearbeiten, verarbeiten*). Über ihre Zuordnung als Derivationsprodukte ist sich die Forschung weitgehend einig. Erheblich weniger Konsens herrscht dagegen in Hinblick auf den Status von sog. *Präverbfügungen*, die auch als *Partikel-* und *Doppelpartikelverben* bezeichnet werden (wie *aufarbeiten, ausarbeiten* bzw. *herausarbeiten*). Während es sich bei den Präfixen um eine durchaus überschaubare Menge handelt, ist die Zahl der Verbpartikeln weniger klar abgegrenzt.[51] Die Komplexität von Verbfügungen mit

---

50 Der Begriff *Inkorporation* überdeckt nach Eichinger (2000: 31) "als leitendes Prinzip eine Reihe von Wortbildungsarten, die sich vom zentralen Bereich der Komposition und Derivation in Richtung auf das syntaktische Ende der Wortbildung hin erstrecken." Dies trifft in besonderer Weise auf die Partikelverben zu, die an der Schnittstelle von Morphologie und Syntax zu verorten sind.

51 Der Bestand der verbalen Präfixe umfasst neben den unselbständigen Morphemen *be-, emp-, ent-, er-, ge-, miss-, ver-, zer-* die Präpositionen *durch, hinter, über, um* und *unter*.

trennbaren Anteilen hängt damit zusammen, dass sie sowohl Merkmale von Wörtern als auch von Phrasen aufweisen. Die Frage, ob sie demzufolge eher als Wortbildungsprodukte oder als syntagmatische Verbindungen zu klassifizieren sind, wird in der Forschung unterschiedlich beantwortet. In diesem Beitrag wird in Anknüpfung an die Argumentation von Schlotthauer/Zifonun (2008) eine Einstufung als Wortbildungsprodukte zugrunde gelegt, wobei die Frage, ob es sich um Komposita handelt oder ob man nicht eher einen eigenen Wortbildungstyp anzusetzen habe (vgl. die Kategorien *Inkorporation* bei Eichinger 2000 und *Konstitution* bei Weinrich 1993), nicht vertieft werden kann.

Die Komplexität solcher Verben lässt sich durch eine prozedurale Analyse präziser fassen (s. hierzu Redder, i.E.). Verbale Wortbildungen sind das Resultat von Prozedurenkombinationen. Verben wie *ausarbeiten* und *herausarbeiten* sind biprozedural zw. triprozedural fusioniert. Die sprachlichen Mittel der Präverbierung unterscheiden sich in Hinblick auf Feldzugehörigkeit und Funktionen. Präpositionen – die einen großen Teil der trennbaren Elemente von Verben ausmachen – zählen ebenso wie Verben zu den Symbolfeldmitteln. Sie dienen der Bestimmung von Relationen von Elementen der Wirklichkeit, indem sie diese Beziehungen benennen. Die Relationsbestimmung wird z.T. durch feste Kombinationen mit weiteren präpositionalen Mitteln des Symbolfeldes präzisiert (*ausgehen von, eingehen auf*). Die richtungsdeiktischen Anteile von triprozedural fusionierten Doppelpartikelverben (wie *her-* in *heranziehen*) dagegen "benennen nicht, sondern zeigen (Bewegungs-)Relationen sprachlich" (Redder, ebd.: § 4). Relevant ist auch das unterschiedliche Verhalten trennbarer und nicht-trennbarer Verben in Bezug auf die Verbalklammer. In handlungstheoretischer Sicht wird die – für das Deutsche charakteristische – Klammerstruktur als eigenes sprachliches Mittel aufgefasst und dem operativen Feld zugeordnet, zu dem alle Mittel zählen, "die dem Vollzug einer operativen Prozedur dienen und somit der Verarbeitung des Propositionalen im weiten Sinne" (Redder, ebd.: § 3.1).

Die von Redder besprochenen Beispiele veranschaulichen Momente der Entwicklung bildungssprachlicher Kompetenzen und zeigen, wie die "diskonti-

---

Letzere fungieren zum Teil auch als trennbare Partikel. Zu den Verbpartikeln, die im wissenschaftlichen Sprachgebrauch besonders produktiv sind, zählen die Präpositionen *ab, an, auf, aus, bei, durch, ein, mit, nach, über, um, unter, vor, zu* sowie Kombinationen einiger Präpositionen mit deiktischen Richtungsadverbien (wie *heraus, hervor, hinzu*). Adjektiv/Adverb-Verb-Kombinationen (wie *feststellen, nahelegen*) müssen in diesem Zusammenhang unberücksichtigt bleiben.

nuierliche Prädikationsstruktur im Deutschen" in wissenstransferierenden Sprechhandlungen genutzt wird. Sie betrifft insbesondere die Inanspruchnahme der rechten Klammerposition für die "Relationsbestimmung" (Redder, ebd.: § 4) mittels der trennbaren Verbpartikel. Anhand von Schüleräußerungen aus dem Unterrichtsdiskurs, in denen die Durchführung von Experimenten erklärt und die jeweiligen Handlungsschritte verbalisiert werden, wird deutlich, wie die Relationsbeziehungen "zum Ankerpunkt der verbalen Planung und Formulierungsarbeit" (Redder, ebd.: § 4) werden.

5.2 Zur Verwendung und Übersetzung komplexer Verben im *Annali*-Korpus

In wissenschaftlichen Texten treten Verben der oben beschriebenen Art regelmäßig im Kontext der Handlungskommentierung auf sowie bei zusammenfassenden Hinweisen des Verfassers zur Forschungslage (wie in Beispiel 47) und damit verbundenen Stellungnahmen (s. auch oben, Kap. 3). Die nachfolgenden Beobachtungen zu der Verwendung komplexer Verben im Deutschen und möglichen Entsprechungen im Italienischen setzen bei einer Bestandsaufnahme des Gesamtvorkommens der Verben im *Annali*-Korpus an. Im Anschluss daran werden Beobachtungen zur Übersetzung vorgestellt.

5.2.1 Erste Bestandsaufnahme

Erfasst wurde zunächst der Gesamtbestand aller Verben. Ein Blick auf das Verbvorkommen in den deutschen Originalen (dtO) und ihren italienischen Übersetzungen (itÜ) zeigt nicht unerhebliche Divergenzen:

Tab. 5. 1 Verben im Annali-*Korpus: Deutsche Originalbeiträge und italienische Übersetzungen im Vergleich*

Gesamtumfang	dtO (Tokens: 473517)	itÜ (Tokens: 534652)
Tokens	49325 (Verben)	60744 (Verben)
Types	2724 (Verben)	2108 (Verben)

Die Zahlen der Einzelbelege von Verben (*Tokens*) liegt in den deutschen Originalen (dtO: 49325) deutlich unter denen der italienischen Übersetzungen (itÜ: 60744). Demgegenüber sind in den deutschen Orginalfassungen mehr unterschiedliche Verb-*Types* nachweisbar als im Teilkorpus der Translate, das Verhältnis beträgt in etwa 4:3 (dtO: 2724 vs. itÜ: 2108). Diese Befunde geben – in einer ersten Annäherung – Anlass zu folgenden Überlegungen:

1. Als mögliche Erklärung für die höhere Belegfrequenz von Verben auf der *token*-Ebene kann angenommen werden, dass die Übersetzer Nominalisierungen aus den deutschen Originalfassungen nicht immer übernehmen und entsprechend in den italienischen Translaten mehr Gebrauch von verbalen Syntagmen machen. Dies lässt sich beispielsweise bei dem eingangs zitierten Beleg (47) beobachten (*zur Veranschaulichung von = per illustrare; Theorien für Konzipierung und Interpretation = le teorie in base alle quali ideare e interpretare; als geeignete Grundlage für = idoneità a fungere da fondamento*):

(47) Sofern nicht ausschließlich theoretische Konzepte dargestellt werden, wird Empirie häufig nur *zur Veranschaulichung* von theoretischen Deduktionen herangezogen. Oder es werden *Theorien für Konzipierung und Interpretation* empirischer Forschungen in solchen Feldern verwendet, in denen sie sich besonders bewähren können. Dagegen wäre nichts einzuwenden, solange daraus nicht abgeleitet wird, dass sich damit die entsprechende Theorie *als geeignete Grundlage für* "die" Umweltsoziologie erwiesen habe. (dtO 2000/1WR)

itÜ Quando non ci si limita alla semplice esposizione di concezioni teoriche, l'empiria viene spesso chiamata in campo solo *per illustrare delle deduzioni teoriche presentate.* Oppure *le teorie in base alle quali ideare e interpretare* indagini empiriche vengono impiegate nei campi in cui possono dare buoni risultati particolarmente convincenti. Non ci sarebbe nulla da obiettare, fintantoché non se ne deducesse che con ciò la relativa teoria avrebbe dimostrato *la sua idoneità a fungere da fondamento* per "la" sociologia dell'ambiente.

2. Das höhere Verbvorkommen (types) im deutschen Teilkorpus (dtO) dagegen gibt Anlass zu der Annahme, dass der Verbwortschatz von den deutschsprachigen Autoren differenzierter genutzt wird als von den italophonen Übersetzern. Eine größere Variationsbreite verbaler Ausdrücke zeigen etwa die folgenden Passagen aus einem Beitrag des *Annali*-Sammelbandes 2002 zum Thema Inklusion / Exklusion. Während der Verfasser des deutschen Beitrags – teils zum Zweck stilistischer Variation, teils aufgrund rekurrenter Kombinationen (*jem. als Fremden ausgrenzen*) – Akzentuierungen vornimmt, indem er neben dem Lehnwort *exkludieren* verschiedene bedeutungsverwandte Partikelverben heranzieht (*ausschließen, ausgrenzen; einschließen, einbeziehen*), greift der Übersetzer stets auf das Begriffspaar (*escludere, includere*) zurück:

(48) Welche Sachverhalte sind genauer gemeint, wenn man von Inklusion und Exklusion spricht? Es geht in jeder Verwendung dieser Unterscheidung immer um die Art und Weise, in der (...) die personale Umwelt dieser Systeme entweder *eingeschlossen* oder *ausgeschlossen* wird. (dtO 2002 RS)

itÜ Ma a cosa si fa riferimento, più precisamente, quando si parla di inclusione/esclusione? Questa distinzione si riferisce sempre alle modalità con cui l'ambiente personale (...) dei sistemi sociali (...) viene *incluso* oppure *escluso.*

(49) Sozialsysteme müssen relativ geschlossen sein, damit sie jemanden als Fremden *ausgrenzen* können. Moderne Sozialsysteme sind zwar sachthematisch geschlossen, weil sie nur einen bestimmten Typus von Kommunikationen prozessieren. Sie sind aber gerade wegen ihrer sachthematischen Geschlossenheit sozial offen, da sie mit Bezug auf das jeweilige Sachthema offen sind für Beiträge von beliebigen Anderen. Das heißt, dass sie niemanden explizit *ausschließen* können, also der Möglichkeit nach auf Vollinklusion aller sozialen Adressaten tendieren. (dtO 2002 RS)

itÜ Per poter *escludere* qualcuno in quanto estraneo, i sistemi sociali devono essere relativamente chiusi. I sistemi sociali moderni sono chiusi da un punto di vista tematico, perché consentono di elaborare solamente un determinato tipo di comunicazione; ma proprio questa loro chiusura tematica implica un'apertura sociale, perché nell'ambito di ogni loro tema specifico i sistemi sono aperti al contributo di chiunque altro. Questo significa che non possono esplicitamente *escludere* nessuno e che quindi potenzialmente tendono alla piena inclusione di tutti i destinatari sociali.

(50) Individualität ist insofern ein Exklusionssachverhalt, der aber als solcher gerade auch voraussetzt, dass man aus den einzelnen Funktionssystemen nicht *exkludiert* ist, in ihnen vielmehr als partielles soziales Objekt *einbezogen* ist und die Verschiedenheit dieser Momente in der Reflexionsform Individualität synthetisiert. (dtO 2002 RS)

itÜ L'individualità è in questo senso un fenomeno di esclusione, che però in quanto tale presuppone anche che non si venga *esclusi* dai singoli sistemi funzionali, ma piuttosto si venga *inclusi* come oggetti sociali parziali, e che si sintetizzi la diversità di questi momenti in una individualità come forma riflessiva.

Bei den in Tab. 5.1 aufgeführten Befunden wurden Belege für attributiv verwendete Partizipien (z.B. *verwendete* Methoden, *herausgearbeitete* Ergebnisse) nicht berücksichtigt. Die Zahlen können sich daher noch verändern, wenn diese Vorkommen einbezogen werden. Dennoch kann als erster Eindruck festgehalten werden, dass in den deutschen Ausgangstexten der Verbalwortschatz vielschichtiger ist bzw. in seiner Vielschichtigkeit extensiver genutzt wird. Damit ergibt sich die Frage, ob und wie die Differenzierungsmöglichkeiten durch Präfigierung, auf die diese Vielschichtigkeit zurückgeführt werden kann, im Italienischen umgesetzt und wiedergegeben werden.

5.2.2 Partikelverben – *verbi sintagmatici*

In kontrastiver Perspektive stellt sich die Frage nach der Vergleichbarkeit deutscher Partikelverben mit italienischen *verbi sintagmatici* wie *andare su, venire fuori, guardare avanti* (s. hierzu Venier 1996). Auf ersten Blick scheinen Analogien zu den Partikelverben vorzuliegen. Eine sprachvergleichende Erörterung der Gemeinsamkeiten und Unterschiede (in Hinblick auf die Natur der Komponenten, Statusbestimmung, kategoriale Zuordnung, Eingrenzung und das syntaktische Verhalten) wäre zweifellos wünschenswert. Auch bevor eine solche Untersuchung vorliegt, kann aber festgehalten werden, dass bezüglich der Verwendungskontexte erhebliche Divergenzen vorliegen: Die Nutzung deutscher Partikel- und Doppelpartikelverben unterliegt grundsätzlich keinen registerspezifischen und domänengebundenen Restriktionen, während der Gebrauch der *verbi sintagmatici* des o.g. Typus weitgehend auf informelle Kommunikationssituationen und mündlichen Sprachgebrauch beschränkt zu sein scheint. Entsprechend häufig ist ihr Vorkommen in dialektalem Sprachgebrauch.[52]

Wissenschaftstypische Verwendungen in Schrifttexten – d.h. ein Gebrauch zur Verbalisierung von kognitiven Prozessen oder Handlungen, die unmittelbar auf das forschende Handeln bezogen sind – lassen sich dagegen nur sehr eingeschränkt beobachten. Dies ergibt eine Überprüfung einer repräsentativen Auswahl von *verbi sintagmatici* am *Annali*-Korpus. Die von Simone (1997) zusammengestellten *types* sind fast ausnahmslos weder in den italienischen Originalfassungen noch in den italienischen Übersetzungen nachweisbar. Marginal vertreten, mit drei Belegen, ist *portare avanti* (bezogen auf wissenschaftliche Tätigkeiten), und zwar nur in italienischen Übersetzungen:

(51) Kant, und nach ihm Simmel, sind entschlossen, die Schwächen beider Denkmethoden zu vermeiden, weder Rationalimus noch Sensualismus *fortzuführen*, sondern einen dritten Weg zu weisen, der freilich nicht einfach durch Zusammenfügung der beiden vorgegebenen zu denken ist. (dtO 1992a HJH)

itÜ Kant, e Simmel dopo di lui, sono decisi ad evitare le debolezze di entrambi i metodi di pensiero, a non *portare avanti* né il razionalismo né il sensismo, indicando piuttosto una terza via che non potrà comunque essere pensata semplicemente come congiunzione di quest'ultimi due.

52 Angesichts ihrer Verbreitung in norditalienischen Dialekten wurden *verbi sintagmatici* sogar verschiedentlich als Produkte des Sprachkontaktes d.h. als Entlehnungen aus dem Deutschen betrachtet. Solche Annahmen wurden jedoch in neueren Beiträgen entkräftet sowohl aus dialektologischer als auch aus sprachhistorischer Perspektive (s. Bernini 2008, Masini 2006).

(52) Hier ist auf der theoretischen wie auf der empirischen Ebene noch erheblich mehr Forschung erforderlich, bevor man insofern zuverlässige Aussagen formulieren kann. (dtO 1997 WJ)

itÜ In quest'ambito è necessario *portare avanti* un lavoro di ricerca assai più approfondito a livello sia teorico sia empirico, prima di poter arrivare ad asserzioni affidabili in merito.

(53) Im Rahmen dieser anti-rationalistischen Diskussion wird sogar postuliert, dass mit Hilfe von "Ergriffenheit" die "Enttatsächlichung" der Forschung *voranzutreiben* sei (dtO 1998 CG)

itÜ All'interno di tale discussione antirazionalista si postula persino che, con l'aiuto del "coinvolgimento emotivo", si possa *portare avanti* una "defattualizzazione" della ricerca.

Inwieweit die Wahl des Übersetzers in (51) und (53) durch die Wortstruktur und figurative Komponente der Partikelverben der Vorlage beeinflusst wurde, ist schwer zu entscheiden. Eine beschränkte Zahl italienischer Informanten, denen ich die entsprechenden Textstellen mit größerem Kontext, aber ohne Ausgangsmaterial vorgelegt habe, mit der Bitte, ein geeignetes Verb einzusetzen, optierten in Bsp. (51) für registerneutrale Verben, die z.T. Elemente der räumlichen Orientierung aufweisen (*perseguire*) oder ein weiter gefasstes Bedeutungsspektrum haben (*sviluppare, promuovere*), während in Bsp. (53) zum einen das generische *contribuire a*, zum anderen ergebnisbezogene Verben (*ottenere, raggiungere, arrivare a*) vorgeschlagen wurden. Bei Beispiel (52) wurden dagegen ausschließlich semantisch eher unbestimmte Verben gewählt (*fare, promuovere, intraprendere, svolgere*). Keiner der Informanten entschied sich für die analytische Verbverbindung *portare avanti*.

5.2.3 Metaphorische Bezüge

Die Ablösung vom Lateinischen und der damit einhergehende Ausbau der Nationalsprachen für wissenschaftliche bzw. wissenschaftskommunikative Zwecke bringt Ausdruckserfordernisse mit sich, denen in unterschiedlicher Weise Rechnung getragen wurde. Im Bereich der allgemeinen deutschen Wissenschaftssprache wurden sie zu einem nicht unerheblichen Teil dadurch gelöst, dass eine Auswahl von ursprünglich auf konkrete Sachverhalte und deren sinnliche Wahrnehmung bezogenen Wortschatzelementen auf abstrakte Zusammenhänge und kognitive Prozesse übertragen wurden. Viele Vorschläge von Wolff (s. Kap. 2.2) gehen bereits in diese Richtung.

Dies betrifft in besonderer Weise den Verbwortschatz. Wir können hier eine geradezu extensive Nutzung figurativ gebrauchter Ausdrücke beobachten, wobei es sich – um eine gelungene Formulierung von Graefen (2009) aufzugreifen – um eine eher "versteckte Metaphorik" handelt. Zu den traditionsreichen, übereinzelsprachlich verbreiteten Szenarien[53] zählt die Konzeptualisierung von Wissenschaft als Betrachtung[54].

(54) Bodenstedt *getta fasci di luce* su snodi cruciali e problematici della modernità, pare quasi trattenersi da giudizi assegnando al lettore il compito, se vuole, di trarli. (itO 1993 RG)

dtÜ Bodenstedt *beleuchtet* entscheidende und kritische Dreh- und Angelpunkte der Moderne, er scheint sich gleichsam eigener Urteile zu enthalten und überläßt es im Belieben des Lesers, sich solche zu bilden.

Eine vielleicht noch bedeutendere Rolle spielt in der deutschen allgemeinen Wissenschaftssprache der Bezug auf räumliche Verhältnisse. Ausdrücke wie *etwas in den Blickpunkt rücken* oder *den Blick auf etwas richten* zeigen, dass die Verwendung optischer Metaphorik zum Teil eng mit räumlichen Bezügen zusammenhängt.

Die Variationsbreite des durch Präfigierung und Inkorporation diversifizierten Verbwortschatzes eröffnet den Verfassern wissenschaftlicher Texte nicht nur stilistischen Spielraum, sondern ermöglicht auch, subtile Akzentuierungen bei der Versprachlichung wissenschaftlicher Tätigkeit vorzunehmen. Wie Graefen hervorhebt, bringen die Verbpartikeln

> ein zusätzliches Bedeutungsmoment von Raumpräsenz und Bewegung im Raum in die Verbbedeutung hinein. Das sind einmal die Präpositionen wie *auf*, dann einige Adverbien, etwa *zurück*, vor allem die mit den richtungsdeiktischen Partikeln *hin* und *her* zusammengesetzten (*herausarbeiten, hinzufügen* etc.). Daraus ergibt sich

53 Vgl. Jäkel 2003: 232-233. Zur Bildhaftigkeit verbaler Ausdrücke s. auch Fandrych 2005, 2006; zur Umsetzung wissenschaftlicher Leitmetaphern in deutschen und italienischen Wissenschaftstexten vgl. Heller 2011a und die Monographie von Veronesi 2011 zum rechtswissenschaftlichen Diskurs.

54 Entscheidend wirkt sich in diesem Zusammenhang das Gedankengut der Aufklärung aus: "Seit Leibniz wird etwa "point de vue" mit "Betrachtungsweise" ins Deutsche übertragen. Das Bildfeld 'Sehen = Erkennen' wurde weiterhin wohl befördert durch die aufklärerische Lichtmetaphorik (vgl. Ehlich 2006). Der Sprachausbau im 17. / 18. Jahrhundert betraf insbesondere den Wortschatz für mentale Vorgänge, für Vorgänge des Verstehens und der Wissenserweiterung. Von dieser Geschichte her ist es plausibel, dass es im Deutschen eine große Menge einschlägiger Lexeme und Fügungen gibt." (Graefen 2009: 153)

eine wichtige Charakteristik der deutschen Sprache, die für große Differenzen im wissenschaftssprachlichen Wortschatz sorgt, besonders gegenüber der englischen Sprache, die keine vergleichbaren Differenzierungsmöglichkeiten im Verbwortschatz bietet. (Graefen 2009: 157)

Die Befunde aus den hier untersuchten Texten lassen darauf schließen, dass auch in der italienische Wissenschaftssprache der Verbwortschatz weniger differenziert geschichtet ist als im Deutschen (vgl. auch im Folgenden Kap. 5.3).

5.2.4 Bedeutungsnuancen und Handlungsdifferenzierung

Die Verfahren, die seitens der italophonen Übersetzer bei komplexen Verben angewendet werden, sind unterschiedlich. In zahlreichen Fällen kann man feststellen, dass auf Verben zurückgegriffen wird, die ein weites Bedeutungsspektrum haben und entsprechend polyfunktional einsetzbar sind. Deutlich zeigt sich dies bei der Verwendung des Verbs *elaborare*. Es zählt im Teilkorpus der italienischen Übersetzungen zu den 250 häufigsten Verben und wird in mehr als der Hälfte seiner Vorkommen als Entsprechung zu bi- und triprozedural fusionierten Verben verwendet, die von dem Symbolfeldausdruck ARBEIT[55] abgeleitet sind.

(55) Die französische Wissenschaft war von jeher mit sich selbst befaßt und beginnt – von Spezialisten und Gemeinplätzen abgesehen – erst jetzt die Sachfragen *aufzuarbeiten*, die in Deutschland um 1900 entwickelt wurden. (dtO 1991 FHT)

itÜ La scienza francese, da sempre impegnata ad approfondire se stessa, inizia solo ora (se si prescinde da specialisti e luoghi comuni) a *elaborare* le tematiche sviluppatesi in Germania attorno al 1900.

(56) Nicht eingehen werde ich also auf das von Dilthey zuvor verfolgte Projekt, eine "beschreibende und zergliedernde Psychologie" als "Grundwissenschaft" der Geschichts- und Gesellschaftswissenschaften zu erweisen und *auszuarbeiten* (und schon gar nicht will ich mich auf die schwierige Frage einlassen, ob Diltheys Denkweg in den verschiedenen Phasen von unvereinbaren Zielsetzungen bestimmt und gehemmt worden ist). (dtO 1992 JW)

itÜ Mi riferirò in particolare alle riflessioni diltheyane presenti in "Der Aufbau der geschichtlichen Welt in den Geistwissenschaften" (o relative a tale incompleto lavoro), senza quindi esaminare il progetto perseguito da Dilthey precedentemente, quello di segnalare ed *elaborare* una "psicologia descrittiva ed analitica" quale "scienza fondamentale" delle scienze storiche e sociali (senza confrontarmi affatto con la diffici-

55 Vgl. hierzu im Detail Redder 2011: § 3.

le questione se il percorso diltheyano, nelle sue diverse fasi, sia stato determinato ed ostacolato da finalità fra loro inconciliabili).

(57) Soziologen *bearbeiten* Umfrageresultate mit Hilfe der Statistik, Ethnologen betreiben Feldforschung, Volkskundler kombinieren Archivforschung mit Feldaufenthalten. (dtO 1998 AW)

itÜ (...) i sociologi *elaborano* i risultati dei sondaggi con l'aiuto della statistica, gli etnologi fanno ricerche sul campo e gli studiosi di folklore combinano la ricerca negli archivi con rilevazioni sul campo.

(58) In Abgrenzung zu diesen zwei Arten, das Feld soziologischer Theoriebildung darzustellen, hielt Parsons dem empiristischen Ansatz entgegen, daß strenge Beobachtung nicht genügen könne, um eine wissenschaftliche Disziplin zu etablieren, sondern daß hierzu auch unabhängig von der Beobachtung *erarbeitete* theoretische Annahmen notwendig seien. (dtO 1992 DNL)

itÜ Nel replicare a tal modo di rappresentare l'ambito sociologico Parsons sostiene, contro l'approccio empirista, che l'osservazione rigorosa non può essere sufficiente per determinare una disciplina scientifica, risultando invece necessari anche assunti teorici indipendentemente *elaborati*.

(59) Er zeigte zwar keine Wege zur praktischen Sozialarbeit auf, *arbeitete* aber auf historischer und geographischer Grundlage die Ziele einer Dorferneuerung unter den Bedingungen der 'Entfremdung' in der Industriegesellschaft *heraus*. (dtO 1993 UP)

itÜ Benché non indicasse nessuna via concreta per il lavoro sociale, questi tuttavia *elaborò* su base storica e geografica gli obiettivi di un rinnovamento dei villaggi nelle condizioni di 'alienazione' della società industriale.

Elaborare wird für die Übersetzung von *aufarbeiten*, *ausarbeiten*, *bearbeiten*, *erarbeiten*, *herausarbeiten* eingesetzt, besonders häufig für *ausarbeiten*, *bearbeiten* und *erarbeiten*. Nun liegen zwischen *ausarbeiten* und *erarbeiten* durchaus Gemeinsamkeiten vor, etwa in Hinblick auf die egressive bzw. resultative Aktionsart. Semantische Berührungspunkte sind auch etymologisch begründbar, insofern das Präfix *er-* auf ahd. *ur-* (aus – heraus) zurückgeht (Fleischer/Barz 1995: 323). Dennoch sind die beiden Verben nicht ohne Weiteres austauschbar. Fleischer/Barz (1995: 336) verweisen diesbezüglich auf das Kriterium des höheren Abstraktionsgrads. Wesentlich ist, dass auf das Verb *erarbeiten* in besonderer Weise zuzutreffen scheint, dass durch die Präfigierung auch "eine materielle oder geistige Aneignung des Gegenstands" (Weinrich 1993: 1063) zum Ausdruck gebracht wird. Demgegenüber signalisiert die präpositionale Partikel des Verbs *ausarbeiten*, dass "die im Verb ausdrückte Handlung einen Abschluss erreicht hat" (Weinrich 1993: 1038). Damit verbindet sich wie in Beispiel (56) die Vorstellung von sorgfältiger Detailarbeit, die auf möglichst genaue Ausführung abhebt, aber nicht notwendigerweise auf Aneignung. Wieder anders liegen die Verhältnisse im Fall von *bearbeiten*, bei dem die Präfigierung eine "formende und prägende Einwirkung" (Weinrich 1993: 1062) ausdrückt. Es geht – wie auch Beispiel (57) vermittelt – um die prüfende und forschende Auseinandersetzung mit dem jeweiligen Gegenstand, ohne dass damit ein Endzustand angepeilt oder erreicht wird. Die drei Verben versprachlichen daher mithilfe ihrer Präfixe bzw. Partikel Bedeutungsnuancen und Handlungsdifferenzierungen, die in den Übersetzungen durch das Universalverb *elaborare* verblassen.

Unterschiedliche Strategien zeigen sich bei der Übersetzung von Verben, mit einem richtungsdeiktischen Ausdrucksanteil wie *sich herausbilden, heranziehen* oder *herausarbeiten.* Solche Verben werden in der Übersetzung zum einen durch periphrastische Verbkonstruktionen wiedergegeben:

(60) Bei Artikeln über Ethnie/Ethnizismus oder Nation/Nationalismus hat sich ein Ritual *herausgebildet.* (dtO 1996 KFG)

itÜ Nei saggi su etnia/etnicismo o su nazione/nazionalismo si è *andato formando* un rituale.

Teilweise tragen diese analytischen Konstruktionen den raumorientierten Bezügen der Vorlage Rechnung (s. Bsp. 61: *mettere in evidenza* für *herausarbeiten, chiamare in campo* für *heranziehen* s.o. Bsp. 47), wobei jedoch weder die deiktische noch die materiell-physische Handlungsdimension in vergleichbarer Weise ausgedrückt wird:

(61) Vor dem Hintergrund der evidenten und durch die vorwiegend geschichtswissenschaftliche Nationalismusforschung schon lange *herausgearbeiteten* Bedeutung des Nationalismus und der Nationalstaatsidee ist diese Kritik aus zwei Gründen tiefgreifend. (dtO 1996 KI)

itÜ Sullo sfondo dell'importanza del nazionalismo e dell'idea di Stato nazionale, già da tempo *messa in evidenza* soprattutto da ricerche storiche in materia, una critica siffatta risulta incisiva per due motivi.

Zum anderen – und dies scheint nach den bisher vorgenommenen Stichproben der häufigere Fall zu sein – wird auf vergleichsweise generische Verben zurückgegriffen. Dies zeigte sich schon im Fall von *elaborare* und gilt beispielsweise auch für die Verwendung von *individuare* (für *herausarbeiten*).

(62) In einem ersten Schritt werden die Ursachen für die langwährende Nicht-Beachtung dieser Identitäten, wie sie sich vor allem aus den spezifischen theoretischen Orien-

tierungen und Institutionalisierungsbedingungen der jungen italienischen Soziologie ergeben haben, *herausgearbeitet* (…). (dtO 1996 SB)

itÜ In un primo passo vengono *individuate* le cause che hanno portato per lungo tempo a trascurare tali identità, prodotte soprattutto dagli specifici orientamenti teorici e dalle condizioni di istituzionalizzazione della giovane sociologia italiana (…).

Eine Bedeutungsverblassung lässt sich auch bei folgenden Textstellen beobachten, bei denen für die Übersetzung des Partikelverbs *aufgreifen* auf nichtmetaphorische, allgemeinere Verben mit weiterem Bedeutungspektrum zurückgegriffen wird *(fare proprio, utilizzare, occuparsi di)*:

(63) In wissenschaftlichen Abhandlungen und Aufsätzen sowie in sozialpolitischen Artikeln hat er dieses Thema *aufgegriffen* und behandelt. (dtO 1992 HJD)

itÜ Simmel *ha fatto proprio* e sviluppato tale tema sia in trattati e saggi scientifici, sia in articoli dedicati ad argomenti di politica sociale.

(64) Charisma markiert, um eine Formel von Claude Lévi-Strauss *aufzugreifen*, in Gesellschaft und Kultur die "heißen" Zonen (…) (dtO 1993 WL)

itÜ carisma – per *utilizzare* una formula di Claude Lévi-Strauss – marca le zone "calde" della società e della cultura (…).

(65) Die in Deutschland sehr gut institutionalisierte empirische Industrie- und Betriebssoziologie hat dieses Thema bisher fast gar nicht *aufgegriffen*. (dtO 2000/1 WR)

itÜ La sociologia aziendale e industriale di estrazione empirica, così ben istituzionalizzata in Germania, finora si *è occupata* solo rarissimamente di questo tema.

Die metaphorischen Bezüge im Deutschen, die zum einen an das präpositionale Symbolfeldmittel *auf-* gebunden sind, zum anderen an die Ausgangsbedeutung des Basisverbs *greifen* für eine konkrete Handlungsinvolvierung, treten in solchen Fällen in den Hintergrund. Vergleichbare Befunde ergeben sich auch bei Stichproben aus dem Teilkorpus der deutschen Übersetzungen, wie etwa in folgender Übersetzung von *suggerire* mit dem raumbezogenen Handlungsverb *aufzeigen*:

(66) una comunicazione che, di fronte al pericolo, tiene alta la preoccupazione, ma non è altrettanto efficace nel *suggerire* vie di scampo. (itO 2000 LS)

dtÜ Es handelt sich um eine Kommunikation, die angesichts von Gefahren Besorgnis schürt, sich aber weit weniger effizient zeigt, wenn es darum geht, Auswege *aufzuzeigen*.

Ähnlich verhält es sich in Fällen, in denen die deutschsprachigen Übersetzer auf triprozedural fusionierte Verben zurückgreifen, obgleich in den Verben der Ausgangstexte Bezüge auf ein räumlich-dynamisches Handeln nicht oder nur sehr schwach vorliegen. Dies zeigt sich etwa an folgenden Beispielen, in denen die italienischen Originalbeiträge prozedural weniger komplexe Verben mit einer allenfalls schwachen Handlungsinvolvierung aufweisen (wie *documentare* oder *segnalare*). In den deutschen Übersetzungen werden dagegen Verben verwendet wie *herausarbeiten* und *hervorheben*, die durch die verschiedenen Symboldfeldanteile die jeweiligen Handlungen nicht nur plastischer vorstellbar machen, sondern die auch eine deiktische Perspektivierung einschließen, die im Italienischen nicht wiedergegeben wird:

(67) (...) decisamente marcate sono le simpatie verso l'"estrema sinistra" (15%), mentre meno accette sono le etichette di "estrema destra" (5%), secondo un copione più volte *documentato* dalle ricerche italiane. (itO 1997 GR)

dtÜ (...) deutlich ausgeprägt sind Sympathien für die "extreme Linke" (15%), während nach einem schon mehrfach durch italienische Studien *herausgearbeiteten* Muster das Etikett "extreme Rechte" (5%) weniger Akzeptanz findet.

(68) (...) merita anzitutto *segnalare* la correlazione diretta con l'alternativa libertà-uguaglianza (...) (itO 1997 GR)

dtÜ (...) vor allem verdient die direkte Korrelation zur Alternative Freiheit-Gleichheit *hervorgehoben* zu werden (...).

Solche Befunde lassen darauf schließen, dass die räumlich-dynamische Konzeption des forschenden Handelns, die diesen Ausschnitt des Verbwortschatzes in weiten Teilen prägt, im Deutschen ein größeres Gewicht hat als im Italienischen – zumindest was die *alltägliche Wissenschaftssprache* betrifft.

5.3 Beobachtungen zur Bezeichnung sprachlichen und forschungsbezogenen Handelns in Rezensionen

Wissenschaftliche Rezensionen entstehen in zeitlicher und räumlicher Distanz zu den jeweiligen Primärtexten. Bezüglich ihrer Grundfunktionen – 'Informieren' und 'Bewerten' – ergeben sich je nach Umfang der Rezension und Anliegen des Rezensenten – nicht zuletzt auch aufgrund der Beziehung des Rezensenten zum Verfasser des besprochenen Buches – unterschiedliche Gewichtungen (Wiegand 1983).

Das Spektrum reicht von synthetischen Inhaltswiedergaben (mit einer allenfalls knappen Bewertung) bis hin zu detailreichen Darstellungen, in denen der Rezensent sich selbst in Szene setzt – nicht nur durch eine kritische Auseinandersetzung mit den Vorzügen und eventuellen Schwächen des rezensierten Werks, sondern auch durch Verweis auf relevante, vom Verfasser vielleicht nicht berücksichtigte Literatur oder auf Hintergrundinformationen. Letztere Verfahrensweise ist vor allem bei den hier untersuchten italienischen Rezensenten zu beobachten, wobei es oft nicht eindeutig ist, ob es sich bei den z.T. sehr umfangreichen Exkursen zu historischen oder politischen Zusammenhängen um Wiedergaben aus den rezensierten Werken handelt oder um Ergänzungen, die die Rezensenten einbringen, um ihre Argumentation zu stützen und ihre fachliche Kompetenz auszuweisen.

Sieht man von diesen (z.T. subjektiv motivierten) Faktoren ab, lässt sich eine Reihe von Merkmalen der Textorganisation festhalten, die auf die o.g. Grundfunktionen zurückzuführen sind. Ein "funktional-integratives Analyseraster" der Teiltexte bzw. Teiltextsegmente ist von Hutz (2001: 114) anhand von Rezensionen aus deutschen und amerikanischen Zeitschriften der Linguistik und Psychologie herausgearbeitet worden. Er unterscheidet dabei vier größere inhaltlich abgrenzbare Texteinheiten mit insgesamt 21 möglichen Teiltextsegmenten:

Tab. 5.2 Typologie von Textsegmenten wissenschaftlicher Rezensionen nach Hutz (2001: 114-116)

1. Bibliographische Angaben
   - Autor, Titel etc., Name des Rezensenten

2: Einleitung
   - Hintergrundinformation zum rezensierten Werk (Form, Textsorte, Entstehungsgeschichte)
   - Zielsetzung und Gegenstand
   - Aufbau
   - Vorstellung des Autors / früheres Werk des Autors
   - Forschungsstand und Einordnung
   - allgemeine Einführung in das Thema / Aufhänger
   - Vorwegnahme der Bewertung
   - Adressatenkreis

3. Hauptteil
   - inhaltliche Wiedergabe des Werkes / Zusammenfassung wesentlicher Aussagen (z.T. mit Zitaten / Textauszügen)
   - inhaltliche Bewertung
     a) positive Bewertung
     b) negative Bewertung

- Bewertung der Form bzw. der graphischen Darstellung
- Relativierung der Kritik
- Vergleich mit Werken ähnlicher Thematik
- Verbesserungsvorschläge
- weiterführende eigene Gedanken des Rezensenten

4. Schlussteil
   - Gesamtbewertung / Gesamtleistung des Werks
   - Darlegung einzelner Stärken und Schwächen bzw. Defizite (z.B. Erkenntnisgewinn, praktischer Nutzen, inhaltliche oder formale Defizite)
   - Leseempfehlung / Analyse des Adressatenkreises
   - zukünftige Forschung / Forschungsdesiderata

Die Übersicht von Hutz lässt sich bei der Durchsicht des für diese Fallstudie verwendeten Korpus bestätigen. Eine quantitative Erfassung wird hier nicht angestrebt, zumal sich die jeweiligen Teiltextsegmente nicht immer sauber voneinander trennen lassen. Festgehalten sei, dass Hutz eine Reihe kommunikativer Handlungen nennt (z.B. *einführen, Inhalte wiedergeben, berichten, bewerten, Kritik relativieren* etc.), deren einzelsprachliche Umsetzung Interesse verdient. Die in diesem Zusammenhang verwendeten verbalen Ausdrücke werden im Folgenden einer ersten Bestandsaufnahme unterzogen.

Bezüglich der bereits genannten Handlungstypen *Textkommentierung* (TK = Bezugnahme des Verfassers auf den eigenen Text) und *Literaturdarstellung* (LitD = Bezugnahme des Verfassers auf die Texte anderer Autoren) liegt es auf der Hand, dass der Sprechhandlungstyp LitD in der Textart *wissenschaftliche Rezension* dominiert. Sprachliche Handlungen, mit denen der Rezensent auf seine eigene Besprechung des jeweiligen Primärtextes Bezug nimmt, sind in den untersuchten Texten kaum belegt. Das schließt jedoch nicht aus, dass literaturdarstellende Hinweise des Rezensenten auf textkommentierende Hinweise des rezensierten Autors Bezug nehmen können. Diese beiden Perspektiven (Verfasser und Rezensent) gilt es bei einer Erfassung mit zu berücksichtigen:

(69) Der Verfasser *stellt eingangs die Frage*, in welchen Konstellationen die Sperrwirkung des Sekundärrechts eingreift und wie der Bereich fehlender Harmonisierung näher umrissen werden kann. Dies geschieht in den folgenden Abschnitten anhand einer differenzierenden *Betrachtung* des Sekundärrechts (…). Hierzu werden verschiedene Determinanten dieser Spielräume nach Sekundärrecht (…) *herausgearbeitet*, dargestellt und erprobt. (EuR 10)

(70) *Partendo dal presupposto che* (…), l'Autore *sostiene (ed è la tesi centrale dell'opera)* che solo un diritto amministrativo costruito in modo sistematico può consentire

di reagire adeguatamente alle grandi sfide che la P.A. deve attualmente fronteggiare. (DPR 1)

(71) *Lo studio si articola intorno allo snodo*, centrale per comprendere attualità e prospettive del fenomeno di integrazione europea, costituito dal dogma della democrazia e da quello, correlato, della sovranità popolare, *la tradizionale visione del quale l'Autore si propone di reimpostare.* (DPR 11)

Die TK des Verfassers (*Der Verfasser stellt ... die Frage, Partendo dal presupposto che ..., l'Autore sostiene, l'Autore si propone di reimpostare*) sind hier eng mit literaturdarstellenden Handlungen des Rezensenten verzahnt und werden – gewissermaßen durch die Brille des Rezensenten – vermittelt. In anderen Fällen verbindet der Rezensent die Wiedergabe der TK mit einer bewertenden Aussage zu dem besprochenen Buch:

(72) Seinem eigenen, im Untertitel formulierten Anspruch nach soll der Band als Leitfaden für die Praxis dienen. Diesem Anspruch wird er in ausgezeichneter Weise gerecht. (EuR 8)

5.3.1 Semantisch-funktionale Gruppierung

Ein Vorschlag zur Kategorisierung von Verben, die bei der Umsetzung der beiden Handlungstypen TK und LitD Verwendung finden, wurde von Fandrych (2002) entwickelt. Er konzentriert sich dabei auf *Sprechhandlungsverben*, die er nach semantisch-funktionalen Kriterien gruppiert:

Tab. 5.3 Semantisch funktionale Gruppen (SFG) von Sprechhandlungsverben nach Fandrych (2002: 7)

1. Beschreiben, Darstellen
2. Erwähnen
3. Sprachlich fassen, Definieren
4. Berichten
5. Vorschlagen
6. Kritische Auseinandersetzung
7. Fragen stellen
8. Erläutern, Begründen
9. Zusammenfassen
10. Hervorheben
11. Wahrnehmen
12. Zeigen, dass ...

13. Graphische Darstellung
14. Räumlich-körperliches Handeln
15. Logisches und praktisches Forschungshandeln
16. Hinweisen
17. Textraum und Textthema
18. Rezeption
19. Rudimentäre Bezüge

Das Raster stellt einen ersten Versuch dar, Ausschnitte des – für die *alltägliche Wissenschaftssprache* außerordentlich relevanten und vielfältigen – Verbwortschatzes zu erfassen und zu unterteilen. Die von Fandrych identifizierten semantisch funktionalen Gruppen (SFG) werden der folgenden Bestandsaufnahme der entsprechenden Verben in dem hier verwendeten Korpus deutscher und italienischer Rezensionen der Rechtswissenschaft zugrunde gelegt (zur Textgrundlage s. Kap. 1.3). Einige Präzisierungen und Überlegungen seien vorausgeschickt.

Die Benennung einzelner Gruppen (vgl. insbesondere SFG 11, 14, 15) legt bereits nahe, dass die entsprechenden Verben und Fügungen nicht nur sprachliche Handlungen bezeichnen, sondern dass auch forschungsbezogene, mentale Tätigkeiten einbezogen werden (*aufgreifen, einer Sache Aufmerksamkeit widmen, heranziehen, zurückblicken* etc.).

Eine eigene Diskussion wäre der Frage zu widmen, für welche Sprechhandlungen eine gesonderte SFG anzusetzen ist und welche gemeinsam behandelt werden können. Dies betrifft SFG 7: Fragen stellen, 8: Erläutern, Begründen, 9: Zusammenfassen (vgl. zu den jeweiligen Handlungen bzw. Handlungsmustern im Einzelnen Ehlich/Rehbein 1979, Ehlich/Rehbein 1986, Bührig 1996, Hohenstein 2006, Thielmann 2009).

Bei der Zuordnung von Verben zu den einzelnen SFG ergeben sich z.T. Überschneidungen, die nicht zuletzt mit den metaphorischen Bezügen der Gruppenbenennungen selbst zusammenhängen. So etwa lassen sich Verben oder Fügungen, die in den Bildbereich der graphischen Darstellung fallen (wie etwa *skizzieren* oder *tracciare un quadro*) nicht überzeugend der SFG 13 zuordnen, sondern fallen – wenn man ihre Verwendung im Textzusammenhang betrachtet – eher unter SFG 1 (Beschreiben, Darstellen) bzw. SFG 9 (Zusammenfassen).

Fandrych ist sich der Vorläufigkeit seiner Gruppierungen durchaus bewusst. In der Weiterentwicklung (2005, 2006) seiner Überlegungen, wie man der Vielschichtigkeit dieser Ausschnitte aus dem Verbwortschatz gerecht werden kann, betrachtet er einzelne metaphorische Konzeptualisierungen genauer und trennt die metaphorische von der semantisch-funktionalen Ebene. Gleichwohl ermöglicht der oben aufgeführte Versuch einer Typologisierung eine Annäherung bzw. einen ersten Zugang zu der komplexen Frage der Kategorisierung und einzelsprachenunabhängigen Erfassung verbaler Ausdrücke, die bei der sprachlichen Umsetzung wissenschaftlichen Handelns und der Kommunikation darüber Verwendung finden.

5.3.2 Bestandsaufnahme und Erklärungsansätze

Im Folgenden werden die von Fandrych angenommenen SFG mit einer stark verkürzten Inhaltsbeschreibung wiedergegeben und anhand von Belegen aus dem Korpus rechtswissenschaftlicher Rezensionen (DPR, EuR) illustriert. Die deutschen und italienischen Verben, die in der Übersicht (Tab 5.3) als Beispiele aufgeführt werden, sind z.T. bedeutungsähnlich, mit ihrer Gegenüberstellung ist jedoch nicht notwendigerweise eine semantische Entsprechung intendiert. Aus Platzgründen werden für beide Sprachen zunächst nur je zwei Beispiele aufgeführt. Ergänzt wurde das Raster um die Kategorie [19] *Zielsetzungen formulieren/wiedergeben*, während die Kategorie *Rudimentäre, d.h.* verblose *Bezüge auf die Sekundärliteratur* (bei Fandrych [19]) nicht mitberücksichtigt wurde. Hinzugefügt wurde darüber hinaus die Kategorie [20] *Adressatenbezug*. Sie erfasst Handlungen, die die Kooperation mit dem Leser thematisieren und die Dialogizität wissenschaftlichen Schreibens in den Vordergrund rücken:

(73) Das Buch *richtet sich* überwiegend *an Juristen*, die am Verhältnis des Europarechts zum nationalen Recht interessiert sind. Aufgrund der Hervorhebung umweltrechtlicher Aspekte *spricht* diese Arbeit insbesondere auch *Umweltjuristen an*. (EuR 10)

(74) Nell'impianto complessivo del volume si evidenziano in particolare, per gli interessanti *spunti di riflessione offerti al lettore*, gli ultimi due capitoli del lavoro. (DPR 1)

Tab. 5.4 Semantisch funktionale Gruppen (SFG) nach Fandrych (2002) mit Ergänzungen und Beispielen aus rechtswissenschaftlichen Zeitschriften (DPR und EuR)

SFG	Beispiele Korpus EuR	Beispiele Korpus DPR
1. Beschreiben, Darstellen → sachbezogene Darstellung	*darstellen, beschreiben*	*partire da una descrizione, esporre*
2. Erwähnen → Sprechhandlungen werden als Teilhandlungen ausgewiesen	*andeuten, zur Sprache kommen (lassen)*	*fare cenno a, parlare di*

3. Sprachlich fassen, Definieren → explizite Thematisierung des Sprachgebrauchs	*ausdrücken, betiteln*	*ridefinire, specificare*
4. Berichten → adressatenorientierte Sprechhandlung ohne Adressatennennung	*referieren, informieren*	—
5. Vorschlagen → illokutiver Charakter von Teiltexten wird als Vorschlag charakterisiert	*Anregung, ein Vorschlag (erfolgt)*	*(ri)proporre, suggerire*
6. Kritische Auseinandersetzung → Thematisierung von Aspekten sprachlichen Konflikts	*kritisieren/Kritik üben, Einwände erheben*	*confrontarsi, ribaltare il comune approccio*
7. Fragen stellen [oder beantworten] → Füllen von Wissenslücken	*Fragen aufwerfen, über eine Frage hinausgehen*	*domande (e risposte), impostare questioni*
8. Erläutern, Begründen → nähere inhaltliche Klärung zur Verständnissicherung	*ausführen, darlegen*	*chiarire, spiegare*
9. Zusammenfassen → Bündelung von Ergebnissen	*das Fazit lautet, Zusammenschau*	*sintetizzare/fornire una sintesi, tracciare un quadro*
10. Hervorheben → Markierung wichtiger Aspekte	*betonen/Betonung, herausstellen*	*porre l'accento, mettere in rilievo*
11. Wahrnehmung [A] und Aufmerksamkeit [B] → bezogen auf mentales, theoretisches, praktisches Forschungshandeln	[A] *das Augenmerk richten auf, unter die Lupe nehmen* [B] *bes. Beachtung finden, den Schwerpunkt legen auf*	[A] *avvertire, cogliere* [B] *concentrare / concentrarsi su, dedicare attenzione*
12. Zeigen, daß ... → Erkenntnisprozess wird durch den Autor herbeigeführt	*aufzeigen, zeigen*	*mostrare, segnalare*
13. Graph. Darstellung → Anschauliche Gestaltung zur Verdeutlichung	*Veranschaulichung*	—

14. Räumlich-körperliches Handeln → Forschungsbezogenes Handeln, mit dem der Wissensraum des Lesers strukturiert/reorganisiert wird	*ein Konzept ausbreiten, eingehen auf*	*prendere l'avvio da, soffermarsi su*
15. Logisches und praktisches Forschungshandeln → Handlungen, die essentiell zum Forschungsprozess gehören	*berücksichtigen, auslegen/Auslegung*	*(ri)considerare/considerazione interpretare*
16. Hinweisen → gezieltes u. explizites Aufrufen von Wissen, das für die Argumentation relevant ist	*hinweisen/Hinweis auf, verweisen auf*	*(sur)richiamare, ricordare*
17. Textraum und Textthema: [A] Text als Raum [B] Text als Chronologie [C] Thematisierung → Anordnung/Abfolge bestimmter Textteile, Themenstellung	[A] *beinhalten, gliedern* [B] *einführen/Einführung, (ab)schließen mit* [C] *sich beschäftigen mit, sich einem Thema zuwenden*	[A] *racchiudere, suddividere* [B] *chiudere (con una riflessione), premettere* [C] *occuparsi di, trattare/trattazione*
18. Rezeption → Kennzeichnen von Wissenselementen aus anderen Quellen	*(im Anschluss an ...) übernehmen, zitieren*	*riferirsi/fare riferimento a*
[19. Zielsetzungen formulieren] → Bezugnahme auf wissenschaftliches Anliegen des rezensierten Autors	*sich zur Aufgabe machen, sich zum Ziel setzen*	*proporsi, porre quale obiettivo*
[20. Adressatenbezug] → Kooperatives Handeln/Dialog mit dem Leser	*sich richten an, Anregungen geben*	*fornire elementi / strumenti, offrire spunti/strumenti*

Welche Ergebnisse ergeben sich bei der Anwendung dieses Rasters auf das hier untersuchte Korpus? Eine rein quantitative Erfassung der verbalen Ausdrücke in den untersuchten Rezensionen zeigt, dass die Belegzahl im deutschen Teilkorpus (EuR) deutlich höher liegt. In den meisten SFG sind auf beiden Ebenen (*types* und *tokens*) doppelt, oft sogar dreimal so viele Einheiten und Einzelbelege wie im italienischen Teilkorpus (DPR) nachweisbar. Beispielhaft kann dieses Ungleichgewicht an SFG 6 (kritische Auseinandersetzung) veranschaulicht werden. Wie oben vermerkt, werden textkommentierende Handlungen (die auf die Verfasser der besprochenen Beiträge zurückgehen) häufig durch literaturdarstellende Hinweise des Rezensenten vermittelt und lassen sich daher im Rahmen dieser Textart dem Handlungstyp LitD zuordnen. In SFG 6 werden die beiden o.g. Perspektiven (Verfasser und Rezensent) greifbar, zum einen in Form von Verweisen des Rezensenten auf die kritische Auseinandersetzung des Verfassers mit bestehenden Forschungsmeinungen, zum anderen in Form einer kritischen Auseinandersetzung des Rezensenten mit der Vorgehensweise und Argumentation des Verfassers. Berücksichtigt man beide Gesichtspunkte, ergibt eine quantitative Erfassung der verbalen Ausdrücke dieser SFG für beide Korpora folgendes Bild:

Tab. 5.5 Verbale Ausdrücke vom Typ SFG 6 (Kritische Auseinandersetzung) im Korpus-Jura (DPR und EuR)

Auseinandersetzung des Verfassers (wiedergegeben durch den Rezensenten)	Auseinandersetzung des Rezensenten mit dem Beitrag des Verfassers
Dt. Teilkorpus (EuR): ablehnen (2); eine Absage erteilen; anerkennen; anmahnen; sich einer Ansicht / Auffassung / Vorschlägen anschließen (4); sich auseinandersetzen mit/nach ausführlicher Auseinandersetzung mit (4); sich aussprechen für; bedauern (2); bejahen (3); sich bekennen (zu); (kritisch) beobachten; (be)werten/(Be)wertung (6); diskutieren/Diskussion (5); Einwände erheben; Ansichten formulieren; fordern; halten (für); kritisieren / Kritik / Kritik üben / nicht mit Kritik sparen / der Kritik entgegentreten (5); meinen; postulieren; relativieren; sich reiben (an); ein Urteil teilen; eine Ansicht vertreten (2); verwerfen; Ansichten formulieren; votieren (für); sich gegen etwas wenden (2); (einer Auffassung) widersprechen; Gesamtwürdigung	Dt. Teilkorpus (EuR): bemängeln; Bemerkung; besprechen (2); beurteilen; einer Ansicht (nicht) folgen; eine Einschränkung machen; empfehlen; kritisch fragen; fragwürdig / fraglich erscheinen (2); an der Oberfläche bleiben; streiten über; (Ansichten/Vorschläge) teilen (2); tadeln; (einer Ansicht/These) zustimmen (3)
30/55 types/tokens	14/19 types/tokens

It. Teilkorpus (DPR):	It. Teilkorpus (DPR):
affermare/affermazione (6); ammonire (sui rischi); (non) condividere (2); confrontarsi; dichiararsi favorevole; evitare il dibattito (2); giudizio; (esprimere un) opinione (2); ribaltare (il comune approccio); ritenere (2); rivedere (le tesi tradizionali); sdrammatizzare; sostenere (9)	ammettere; comparare (l'affermazione dell'autore a …); condividere; convenire; (muovere una) critica, criticare (2); essere in disaccordo; giudizio; puntualizzare; riconoscere (la rilevanza); rimarcare
13/30 types/tokens	10/11 types/tokens

Summiert man die Belege für die Perspektive des Verfassers (EuR 30/55 : DPR 13/30) und des Rezensenten (EuR 14/19 : DPR 10/11), ergibt die Gegenüberstellung der verbalen Ausdrücke dieser Gruppierung für die beiden Teilkorpora abzüglich der doppelt belegten *types* eine *type/token*-Relation von 44/74 (EuR) : 21/31 (DPR), also eine mehr als doppelt so hohe Belegfrequenz im deutschen Teilkorpus. Vergleichbare Größenverhältnisse zeigen sich auch in zahlreichen weiteren Gruppierungen. Im Einzelfall lässt sich im EuR-Korpus eine differenzierte Schichtung bestimmter Wortfelder beobachten.

So etwa weist SFG 7 (Fragen stellen/beantworten) eine Vielzahl von Fügungen auf, bei denen die Lexeme *Frage bzw. domanda* als Bestandteile von Kollokationen bzw. Wortbildungen auftreten:

(75) Dabei befasst sich der von Jean-François Flaus verfasste Bericht über die Rechtslage in Frankreich insbesondere mit den Wandlungen des Souveränitätsbegriffs im französischen Staatsrecht und *geht ausführlich der Frage* eines möglichen Konflikts zwischen Normen des französischen Verfassungsrechts mit solchen des Gemeinschaftsrechts *nach.* (EuR 5)

(76) In gelungener Weise erfüllt der Band das im Untertitel gegebene Versprechen, (…) und, dies der Anspruch des Vorworts, *auf die* verfassungspolitische *Frage eine Antwort zu geben,* inwieweit in der Europäischen Union die Realisierung von Reformvorhaben erwartet werden kann. (EuR 5)

(77) L'ambizione di Schmitter è quella di evitare il dibattito *offrendo un articolato e coerente sistema di domande e risposte.* (DPR 7)

Im deutschen Teilkorpus finden sich diesbezüglich 13 verschiedene *types* unterschiedlicher Fügungen mit insgesamt 31 Einzelbelegen. Demgegenüber weist das italienische Teilkorpus für SFG 7 (Fragen stellen/beantworten) nur drei *types* mit insgesamt dreizehn *tokens* auf. Dies könnte ein Indiz dafür sein, dass die Explizierung von Fragestellungen in deutschen Wissenschaftstexten besonderes Gewicht hat und entsprechend thematisiert wird.

Tab. 5.6 Verbale Ausdrücke vom Typ SFG 7 (Fragen stellen / beantworten)

Dt. Teilkorpus (EuR)	It. Teilkorpus (DPR)
(sich) fragen/Frage (5); *Frage stellen/Fragestellung* (7); *auf Fragen eine Antwort geben/bei der Antwort auf die Frage/Fragen beantworten/Beantwortung der Frage* (6); *Fragen abhandeln*; *Fragen aufwerfen*; *eine Frage berühren*; *zu einer Frage führen*; *über eine Frage hinausgehen*; *einer Frage nachgehen* (3); *eine Frage bejahen*; *eine Frage verneinen*; *eine Frage erhebt sich* (2); *sich einer Frage widmen*	*domande e risposte*; *impostare questioni*; *(in) questione* (11)
13/31 *types/tokens*	3/13 *types/tokens*

Der differenzierten Auffächerung einzelner Verbfelder im deutschen Teilkorpus steht in den italienischen Rezensionen nur in einem Fall eine erhöhte Zahl von Belegen gegenüber, und zwar bei SFG 10 (Hervorheben):

Tab. 5.6 Verbale Ausdrücke vom Typ SFG 10

Dt. Teilkorpus (EuR)	It. Teilkorpus (DPR)
betonen/Betonung (4); *herausstellen*; *hervorheben/Hervorhebung* (4)	*l'enfasi dell'autore*; *evidenziare / porre/mettere in evidenza* (10); *porre l'accento / con particolare accentuazione* (2); *ribadire*; *rilevare / dare/mettere in rilievo* (4); *sottolineare* (10)
4/8 *types/tokens*	6/24 *types/tokens*

Typisch für diese Gruppierung sind metaphorische Bezüge zum Bereich der Perzeption: auditive Wahrnehmbarkeit aufgrund intonatorischer Markierung (*betonen, l'enfasi, porre accento*) oder visuelle Sichtbarkeit für den Rezipienten durch räumliche Veränderung oder typographische Markierung (*hervorheben, herausstellen, porre in evidenza, rilevare, sottolineare*):

(78) L'Autore, in particolare, *pone l'accento sul* rapporto tra l'opportunità di tale estensione (…) ed il regionalismo spinto dello Stato spagnolo. (DPR 4)

(79) Im Rahmen des Art. 5 (ex-Art. 3b) EGV *betont* Langguth zu Recht nicht nur die negative, sondern auch die positive Seite des Subsidiaritätsprinzips. (EuR 12)

Bei verschiedenen Belegen aus dem italienischen Korpus ist allerdings nicht eindeutig zu entscheiden, ob es sich um Wiedergabe der Argumentation des Verfassers oder um Stellungnahmen des Rezensenten handelt:

(80) Su questo punto *è interessante sottolineare* come la più recente giurisprudenza abbia cominciato a costruire il contenuto dell'accesso alla luce della legge sulla privacy (...) (DPR 3)

Dies gilt auch für die Verwendungen verbaler Ausdrücke aus anderen Gruppierungen, denen im Textzusammenhang unpersönliche Formulierungen (wie etwa *va sottolineato che* ... oder – wie im vorliegenden Fall – *è interessante* ...) vorgeschaltet werden. Dieses Verfahren ist vor allem im DPR-Korpus zu beobachten und hängt zweifellos auch mit der Gewohnheit der italienischen Rezensenten zusammen, ihren Besprechungen – wie oben vermerkt – z.T. umfangreiche Hintergrundinformationen beizufügen, wodurch die Grenze zwischen Wiedergabe der Argumentation und eigener Ergänzung oftmals verschwimmt.

6 Fazit und Ausblick

Die hier zusammengeführten Beobachtungen zum Sprachgebrauch deutsch- und italienischsprachiger Autoren (sowie Übersetzer) wissenschaftlicher Texte vermitteln Einsichten zur Frage, wie die diskursive Darstellung forschenden und sprachlichen Handelns einzelsprachlich umgesetzt wird und welche Ressourcen der Sprachen in diesem Zusammenhang in besonderer Weise genutzt werden.

An den Glossaren von Christian Wolff wird bereits deutlich, dass die Produktivität in der Wortbildung in erheblichem Maße zum Strukturausbau des Deutschen beiträgt und seine Qualität als Wissenschaftssprache mitbestimmt. Das zeigt sich primär bei Ausdrucksmitteln des Symbolfelds und – im Bereich der *alltäglichen Wissenschaftssprache* (AWS) – insbesondere an dem facettenreichen Spektrum verbaler Ausdrücke, die bei der Benennung mentaler und forschungspraktischer sowie sprachlicher Tätigkeiten Verwendung finden.

Für eine registergerechte Übersetzung bietet die morphologische und semantische Komplexität deutscher Präfix-, Partikel- und Doppelpartikelverben mit den jeweiligen Bedeutungsschattierungen ein nicht unerhebliches Schwierigkeitspotential. Vergleiche von Ausgangs- und Zieltext soziologischer Artikel aus dem *Annali*-Korpus ergeben, dass in den italienischen Fassungen als Entsprechungen von solchen bi- und triprozedural gebildeten Verben in zahlreichen Fällen weniger komplexe Wortbildungen mit weitem Bedeutungsspektrum belegt sind. Hier liegt ein Erklärungsansatz für die unterschiedlichen Befunde bei der Erfassung des Gesamtbestands von Verben in den deutschen Originalen und italienischen Übersetzungen des *Annali*-Korpus.

Ein Desiderat für Folgestudien ist es, solchen Divergenzen systematisch nachzugehen, auch durch Fallstudien zu einzelnen Verben, die sich mit einer großen Anzahl von Präfixen und trennbaren Verbpartikeln verbinden. Dabei sollten in Hinblick auf die Formelhaftigkeit der AWS frequente Kombinationen und kollokationelle Verfestigungen mit berücksichtigt werden (wie *Probleme aufarbeiten/bearbeiten* vs. *affrontare/trattare problemi*). Ein weiteres Desiderat wäre zu prüfen, unter welchen Bedingungen unterschiedliche sprachliche Mittel herangezogen werden, um Bedeutungsschattierungen deutscher Verben wiederzugeben, die aufgrund sprachstruktureller Differenzen im Italienischen auf verbaler Ebene nicht expliziert werden können.

Weitere Unterschiede ergeben sich bei einer Bestandsaufnahme des Verbwortschatzes in den Rezensionen aus rechtswissenschaftlichen Zeitschriften. Bei aller Vorsicht, die bei kleinen Korpora geboten ist, geben die – durch Anwendung des Untersuchungsrasters von Fandrych (2002) – ermittelten Befunde Anlass zu folgenden Vermutungen: Die semantisch-funktionalen Gruppen (SFG) weisen im deutschen Teilkorpus in der Mehrzahl der Fälle mehr Einheiten (*types*) verbaler Ausdrücke auf. Dies lässt auf eine differenziertere Schichtung der einzelnen Wort- und Begriffsfelder schließen. Auch die Summe der Einzelbelege (*tokens*) pro Gruppierung ist in der Regel höher. Die metasprachliche Verbalisierung wissenschaftlichen Handelns scheint daher im deutschen Korpus ein größeres Gewicht zu haben. Die augenfälligen Unterschiede bei den SFG 6 (kritische Auseinandersetzung) und 7 (Fragen) könnten ein Indiz dafür sein, dass die entsprechenden Wortfelder im Verbalbereich in den beiden Wissenschaftssprachen unterschiedlich stark ausgebaut sind. Die Frage, ob dies damit zusammenhängt, dass die Thematisierung von Fragestellungen und wissenschaftlicher Eristik in den jeweiligen Disziplinen der beiden Wissenschaftskulturen unterschiedlich umgesetzt werden oder unterschiedliches Gewicht haben, bedarf weiterer Differenzierung sowie der Untersuchung auf einer breiteren Datenbasis. Beobachtungen zur Prominenz, Gradualität und Kumulativität von Ausdrucksformen wissenschaftlicher Eristik – mit Bezug auf das Sprachenpaar Deutsch-Italienisch – liegen bereits vor (s. da Silva 2010) und zeigen, dass den gleichen Ausdruckserfordernissen durch unterschiedliche sprachliche Mittel Rechnung getragen werden kann.

Von besonderem Interesse wäre es, der diskursiven Umsetzung wissenschaftlichen Streits in sprachgeschichtlicher Perspektive nachzugehen. Eine vielversprechende Materialbasis bieten dafür die Texte von Galileo Galilei, dessen Sprachenwahl nicht nur einem Versuch der Aufwertung der Volkssprache (*volgare*) gegenüber dem Lateinischen geschuldet ist, sondern auch eine Absage an überkommene Traditionen darstellt. Galileis Infragestellung von autoritativ gesetzten Lehrmeinungen und seine prüfende Gegenüberstellung von z.T. konfligierenden Ansichten sowie das Aushandeln neuer Erkenntnisse durch Beweisführung veranschaulichen Verfahren, durch die sich moderne Wissenschaft auszeichnet.

Die hier besprochenen Texte von Galilei weisen darüber hinaus eine Reihe von Maßnahmen der Rezeptionssteuerung auf. Auch in dieser Hinsicht erweist er sich als moderner Autor, der darum bemüht ist, sein Anliegen und seine Vorgehensweise plausibel zu machen. Die Verfasser wissenschaftlicher Texte machen ihr Bemühen, die Leser schrittweise an den in ihren Beiträgen entwickelten Erkenntniszugewinn heranzuführen, auf unterschiedliche Weise kenntlich und bedienen sich zu diesem Zweck ausgewählter sprachlicher Mittel. In kommentierenden Hinweisen zur der Textorganisation und bei der Verbalisierung forschungsbezogenen sowie sprachlichen Handelns wird in vielen Fällen von deiktischen Ausdrücken Gebrauch gemacht, um Fokussierungen des Verfassers für die Leser nachvollziehbar zu machen. Die Befunde von Fallstudien zum Vorkommen solcher Handlungskommentierungen und die Erfassung textdeiktischer Ausdrücke im *Annali*-Korpus machen unterschiedliche Präferenzen deutsch- und italienischsprachiger Autoren sowie Übersetzer sichtbar.

Grundsätzlich lässt sich beobachten, dass die deutschsprachigen Autoren extensiveren Gebrauch von textdeiktischen Maßnahmen machen und ihren Lesern – z.T. durch Mehrfachverweise – ein erhebliches Maß an Orientierungsleistung abverlangen. Dies zeigt sich etwa an Kombinationen lokal- und temporaldeiktischer Ausdrücke in der gleichen Äußerung. Der Vergleich mit den italienischen Übersetzungen ergibt, dass in solchen Fällen Lokaldeixeis nicht selten nur temporal wiedergegeben werden. Die Befunde und besprochenen Beispiele der Verwendung deiktischer und paradeiktischer Ausdrücke zeigen deutlich, dass das Ausdrucksinventar des Zeigfeldes in deutschen und italienischen Wissenschaftstexten und ihren jeweiligen Übersetzungen z.T. unterschiedlich in Anspruch genommen wird. Analoge Verweiswörter, die in beiden Sprachen zur Verfügung stehen und die auch in Wörterbüchern als gleichwertig angegeben werden, werden durchaus nicht automatisch als Entsprechungen genutzt. In Fällen, in denen die Entscheidung italienischer Übersetzer zugunsten von analytischen Ausdrücken ausfällt, ist ein Bemühen um Desambiguisierung anzunehmen. Solche Präzisierungsversuche setzen allerdings auch voraus, dass sich der Übersetzer der Zuordnung zu dem jeweiligen Verweisobjekt selbst sicher ist, denn er muss es ja benennen. Für die Translation wissenschaftlicher Texte bringt die Tatsache, dass das Deutsche eine deixisreiche Sprache ist, daher keine geringen Herausforderungen mit sich. Das gilt nicht nur für die gängigen Verweiswörter (wie *hier/qui*, *nun/ora* sowie paradeiktische und bi- oder triprozedural gebildete analytische Ausdrücke vom Typ *in questa sede*), sondern auch für die registergerechte Übertragung von Doppelpartikelverben, die ebenfalls deiktische Perspektivierungen einschließen.

Weitere Beobachtungen deuten darauf hin, dass die deutschsprachigen Autoren der hier untersuchten soziologischen Fachaufsätze die Aufmerksamkeit des Lesers eher präorientierend steuern, indem sie ihn darauf vorbereiten, was ihn im weiteren Verlauf des Textes erwartet. Sie beziehen ihn in stärkerem Maße in den Planungsprozess ein, als es bei ihren italienischen Kollegen zu beobachten ist. Demgegenüber scheinen italienische Autoren eher zur Reorientierung zu tendieren, indem sie den Lesern Vorausgegangenes in Erinnerung rufen. Die deiktischen und paradeiktischen Ausdrucksmittel, die bei den beschriebenen Maßnahmen der Leserorientierung verwendet werden, nehmen teils räumliche, teils temporale Perspektivierungen vor. Topologische Bezüge werden in den deutschen Texten häufiger aktualisiert als in den italienischen.

Die Frage, inwieweit die Divergenzen, die sich in Ausgangs- und Zieltext der hier untersuchten Texte aus dem *Annali*-Korpus beobachten lassen, mit unterschiedlichen Konzeptualisierungen von Text- und Wissensraum zusammenhängen und übergreifende Tendenzen des wissenschaftlichen Handelns bzw. Schreibens in den beiden Wissenschaftskulturen wiederspiegeln, sollte durch Untersuchungen zu anderen Fachgebieten weiter verfolgt werden. In translatorischer Perpektiver gilt es ebenfalls den Fällen systematischer nachzugehen, in denen deutschsprachige Übersetzer auf deiktische und deiktisch abgeleitete Ausdrücke zurückgreifen, wenn im italienischen Ausgangstext keine Evidenz für eine Leserorientierung vorliegt. Ein besonderes – hier nur angeschnittenes – Forschungsdesiderat betrifft die Frage, wie Übersetzer mit Ausdrücken verfahren, die als "typisch deutsch" gelten und zu denen im Italienischen (wie in anderen Sprachen auch) kein entsprechendes Lexem vorliegt. Das betrifft etwa das deiktisch abgeleitete *dabei*, bei dem nicht nur eine Prozedurenkombination, sondern auch eine Feldübertragung zu beobachten ist. Zu ermitteln, welche Ausdruckserfordernisse der italienischen Ausgangstexte in den deutschen Übersetzungen durch solche paraoperativen Ausdrücke aufgefangen werden, ist für eine Komparatistik der Wissenschaftssprachen von nicht unerheblichem Interesse.

Auch für zukünftige Untersuchungen empfiehlt sich die Verknüpfung qualitativer und quantitativer Verfahren, um zu weiterführenden Einsichten in Zweckgebundenheit, Funktionen und Leistungen sprachlicher Mittel zu gelangen und eventuelle Schwerpunktsetzungen der diskursiven Darstellung wissenschaftlichen Handelns in komparativer Perspektive zu erarbeiten. Wünschenswert ist in diesem Zusammenhang, die Datenbasis um Vergleichs- und Paralleltexte aus anderen Disziplinen zu erweitern, um die Argumentation für eine Beibehaltung der sprachlichen Vielfalt im Wissenschaftsbetrieb auf einer möglichst breit gefächerten Grundlage empirisch zu untermauern.

7 Literaturverzeichnis

7.1 Textgrundlage (zitierte Beispiele aus Kap. 3-5)

A ***Annali di Sociologia / Soziologisches Jahrbuch.*** *Associazione Italo-Tedesca di Sociologia / Italienisch-Deutsche Gesellschaft für Soziologie. 1991-2002. Milano: Franco Angeli / Berlin: Verlag Duncker & Humblot*

dtO 1991 FHT: Tenbruck, Friedrich H. Welchen Wert haben die Klassiker heute? / itÜ 1991 FHT: Che valore hanno, oggi, i classici? (Übers.: M. Rossi)

dtO 1992 BN: Nedelmann, Birgitta. Geld und Lebensstil. Rhythmisch-symmetrische und individualistisch-spontane Lebensführung / itÜ 1992 BN: Denaro e stile di vita. Condotta di vita ritmico- simmetrica e individualistico-spontanea (Übers.: L. Cimmino)

dtO 1992 HH: Homann, Harald. Verstehen und Hermeneutik: Gadamers und Habermas' Diltheyinterpretation / itÜ 1992 HH: Comprendere ed ermeneutica: L'interpretazione diltheyana di Gadamer ed Habermas (Übers.: L. Cimmino)

dtO 1992 HJD: Dahme, Heinz-Jürgen. Georg Simmel und die Soziologie der Geschlechter: zur Bedeutung der Mutterrechtstheorie für die Entwicklung der Soziologie / itÜ 1992 HJD: Georg Simmel e la sociologia dei sessi. Significato della teoria del diritto materno per lo sviluppo della sociologia (Übers.: L. Cimmino)

dtO 1992a HJH: Helle, Horst Jürgen. Methode und Themen in Simmels Arbeiten zur Religionssoziologie / itÜ 1992a HJH: Metodo e temi nei lavori simmeliani di sociologia della religione (Übers.: L. Cimmino)

dtO 1992 JW: Weiß, Johannes. Das Verstehen des Lebens und die verstehende Soziologie (Dilthey und Weber) / itÜ 1992 JW: Comprensione della vita e sociologia comprendente (Dilthey e Weber) (Übers.: L. Cimmino)

dtO 1992 KHL: Lembeck, Karl-Heinz. Warum man nicht alles verstehen kann. Husserls Probleme mit Dilthey / itÜ 1992 KHL: Perché non si può comprendere tutto: I problemi di Husserl nei confronti di Dilthey (Übers.: L. Cimmino)

dtO 1993 UP: Planck, Ulrich. Die ländliche Soziologie in Deutschland: Entwicklung und Gegenwartsprobleme / itÜ 1993 UP: La sociologia rurale in Germania: sviluppo e problemi attuali (Übers.: M. Nicoletti) dtO 1993 WL: Lipp, Wolfgang. Was ist Charisma, wer oder was hat Charisma, und wie kommt es zustande? Das Konzept der Selbststigmatisierung: Mit einem Exkurs zum Verhältnis von Charisma, Magie (magischen Dingen) und Religion (Werten) und einer Nachbetrachtung zum Verhältnis von Charisma und Geschichte / itÜ 1993 WL: Cos'è il carisma, chi o cosa ha carisma e come si realizza? Il concetto di autostigmatizzazione: Con un excursus sul rapporto fra carisma, magia (cose magiche) e religione (valori) e un'appendice sul rapporto fra carisma e storia (Übers.: L. Cimmino)

dtO 1995 EK-WA: Koch, Elke / Ammassari, Weser. Methodologische Überlegungen zu den Ansätzen der Kommunikationsforschung / itÜ 1995 EK-WA: Riflessioni metodologiche sugli approcci della ricerca sulla comunicazione (Übers.: L. Cimmino)

dtO 1996 KFG: Geiger, Klaus F. Schwierigkeiten im Umgang mit dem eigenen Partikularismus / itÜ 1996 KFG: Difficoltà nel rapporto con il proprio particolarismo (Übers.: L. Fattore)

dtO 1996 KI: Imhof, Kurt. Die gesellschaftskonstitutive Bedeutung des Fremden und die diskontinuierliche Ethnisierung des Politischen / itÜ 1996 KI: Rilevanza dell'estraneità per la costituzione della società ed etnicizzazione discontinua del 'politico' (Übers.: G. Fitzi)

dtO 1996 SB: Böckler, Stefan. Einleitung. / itÜ 1996 SB: Introduzione (Übers.: L. Cimmino)

dtO 1997 WJ: Jagodzinski, Wolfgang. Verfällt die Moral? Zur Pluralisierung von Moralvorstellungen in Italien und Westdeutschland / itÜ 1997 WJ: Declino della morale? La pluralizzazione delle concezioni morali in Italia e nella Germania Occidentale (Übers.: L. Rega)

dtO 1998 AW: Wimmer, Andreas. Verwischte Grenzen. Zum Verhältnis zwischen Soziologie, Ethnologie und Volkskunde / itÜ 1998 AW: Confini sfumati. Le relazioni tra sociologia, etnologia e studi folklorici (Übers.: J. Landkammer)

dtO 1998 CG: Giordano, Christian. Das "ethnologische Denken" Max Webers / itÜ 1998 CG: Il "pensiero etnologico" di Max Weber (Übers.: L. Cimmino)

dtO 1998 RG: Girtler, Roland. Die Kunst der Feldforschung und ihre "10 Gebote": zur Gemeinsamkeit von Soziologie und Ethnologie / itÜ 1998 RG: L'arte della ricerca sul campo e i suoi "dieci comandamenti": ciò che accomuna la sociologia e l'etnologia (Übers.: L. Rega) dtO 1998 RH: Hettlage, Robert. Do good fences make good neighbours? Grenzerfahrungen eines Soziologen / itÜ 1998 RH: Do good fences make good neighbours? Esperienze di confine dal punto di vista di un sociologo (Übers.: F. Nesi)

dtO 2000/01 KE: Eder, Klaus. Ökologische Kommunikation und ihr Publikum. Zur Varietät von Umweltkulturen in Europa / itÜ 2000/01 KE: La comunicazione ecologica e il suo pubblico. A proposito della varietà di culture ambientali in Europa (Übers.: L. Fattore)

dtO 2000/01 WR: Rosenbaum, Wolf. Der Stand der umweltsoziologischen Diskussion in Deutschland / itÜ 2000/01 WR: Sociologia dell'ambiente: lo stato attuale della discussione in Germania (Übers.: P. Tomasi)

dtO 2002 RS: Stichweh, Rudolf. Inklusion/Exklusion und die Soziologie des Fremden / itÜ 2002 RS: Inclusione/esclusione e sociologia dell'estraneo (Übers.: D. Roso)

itO 1993 RG: Gubert, Renzo. Introduzione: Quale futuro per la società rurale? / dtÜ 1993 RG: Einleitung: Welche Zukunft hat die ländliche Gesellschaft? (Übers.: W. Menapace)

itO 1997 GR: Rovati, Giancarlo. La cultura politica degli italiani e dei tedeschi. Elementi per un'analisi comparata / dtÜ 1997 GR: Die politische Kultur der Italiener und der Deutschen. Bausteine für eine vergleichende Analyse (Übers.: M. Braun)

itO 1997 RG: Gubert, Renzo. La differenziazione territoriale dei valori tra regionalità, nazionalità e sovranazionalità. I casi delle aree culturali italiana e tedesca in Europa / dtÜ 1997 RG: Die territoriale Differenzierung der Werte zwischen Regionalität, Nationalität und Supranationalität. Der italienische und deutsche Kulturraum in Europa (Übers.: W. Menapace)

itO 1998 AS: Signorelli, Amalia. Attraversando i confini: nuove competenze per nuovi oggetti di ricerca? / dtÜ 1998 AS: Grenzüberschreitungen: neue Zuständigkeiten für neue Forschungsgegenstände? (Übers.: A. Hornung)

itO 1998 CT-A: Carlo Tullio-Altan. Borderline. Fra che cosa e come? / dtÜ 1998 CT-A: Borderline. Wozwischen und wie? Grundlage und Ort der gesellschaftlichen Werte (Übers.: W. Menapace)

itO 1998 RF: Fideli, Roberto. Il mito del confine / dtÜ 1998 RF: Der Mythos der Grenze (Übers.: M. Heissenberger)

itO 1998 UM: Melotti, Umberto. L'esigenza di una nuova scienza unitaria dell'uomo e della società / dtÜ 1998 UM: Von der Notwendigkeit einer neuen ganzheitlichen Wissenschaft vom Menschen und von der Gesellschaft (Übers.: W. Menapace)

itO 2000 LS: Struffi, Lauro. Gli italiani sono ambientalisti? / dtÜ 2000 LS: Sind die Italiener umweltorientiert? (Übers.: L. Schröder)

itO 2000/01 LP: Pellizzoni, Luigi. La dinamica della modernità. Ambiente, riflessività e democrazia / dtÜ 2000/01 LP: Die Dynamik der Moderne. Umwelt, Reflexivität und Demokratie (Übers.: W. Menapace)

B Rivista Italiana del Diritto Pubblico Comunitario. Jg. 2000-2003.

DPR 1: Galetta, D.U. <Rez. zu> Schmidt-Aßmann, Eberhard (1998) Das allgemeine Verwaltungsrecht als Ordnungsidee. Heidelberg: Springer. In: Rivista Italiana del Diritto Pubblico Comunitario 2000

DPR 4: Falletta, P. <Rez. zu> Sandulli, Maria A. (Hg.) (2001) Il procedimento amministrativo tra semplificazione e partecipazione – Modelli europei a confronto. Parte seconda. Milano: Giuffré. In: Rivista Italiana del Diritto Pubblico Comunitario 2001

DPR 7: Menéndez, A. J. <Rez. zu> Schmitter, Philippe C. (2000) Come democratizzare l'Europa e perché. Bologna: Il Mulino. In: Rivista Italiana del Diritto Pubblico Comunitario 2001

DPR 11: Azzena, L. <Rez. zu> Enrico Scoditti (2001), La Costituzione senza popolo. Unione europea e nazioni, Bari: Ed. Dedalo. In: Rivista Italiana del Diritto Pubblico Comunitario 2002

C Europarecht, Jg. 1999 und 2004.

EuR 5: Brenner M. <Rez. zu> Schwarze, Jürgen (Hg.) (2000) Die Entstehung einer europäischen Verfassungsordnung. Schriftenreihe Europäisches Recht, Politik und Wirtschaft, Bd. 234. Baden-Baden: Nomos Verlagsgesellschaft. In: Europarecht 2/2004

EuR 10: Schulze, K. <Rez. zu> Schlösser, Jürgen P. (2002) Die Sperrwirkung sekundären Gemeinschaftsrechts. Mitgliedstaatliche Spielräume im "harmonisierten" Umweltrecht. Baden-Baden: Nomos Verlagsgesellschaft. In: Europarecht 1/2004

EuR 12: Möllers, Th. M. J. <Rez. zu> Lenz, Carl Otto (Hg.) (1999) EG-Vertrag Kommentar. 2. Auflage. Köln: Bundesanzeiger Verlag. In: Europarecht 6/1999

7.2 Benutzte Literatur

Adamzik, Kirsten (2001) Ist die Linguistik eine anglophon geprägte Disziplin? In: Mayer, Felix (Hg.) Language for Special Purposes: Perspectives for the New Millennium. Vol. I. Tübingen: Narr, 3-35

Altieri Biagi, Maria Luisa (1990) L'avventura della mente. Studi sulla lingua scientifica. Napoli: Morano

Altieri Biagi, Maria Luisa (1998) Fra lingua scientifica e lingua letteraria. Pisa: Istituti Editoriali e Poligrafici Internazionali

Ammon, Ulrich (1998) Ist Deutsch noch internationale Wissenschaftssprache? Englisch auch für die Lehre an den deutschsprachigen Hochschulen? Berlin: de Gruyter

Arndt, Hans Werner (1973) Einleitung. In: Wolff, Christian (Hg.) Ausführliche Nachricht von seinen eigenen Schriften, die er in deutscher Sprache herausgegeben. Reprographischer Nachdruck der 2. Aufl. Frankfurt 1733. Nachdruck Hildesheim: Olms, V-XXII

Becker, Tabea / Peschel Corinna (2003) "Wir bitten Sie das nicht misszugeneralisieren". Sprachverhalten in grammatischen Zweifelsfällen am Beispiel trennbarer und nicht-trennbarer Verben. In: Linguistik online 16, 4/03. (http://www.linguistik-online.de/16_03/beckerPeschel_a.html; 14.7.2012)

Bernini, Giuliano (2008) Per una definizione di verbi sintagmatici: la prospettiva dialettale. In: Cini, Monica (Hg.) I verbi sintagmici in italiano e nelle varietà dialettali. Frankfurt: Lang, 141-157

Blackall, Eric Albert (1966) Die Entwicklung des Deutschen zur Literatursprache 1700-1775. Übersetzung von Schürmann, Hans G.. Stuttgart: Metzler [The Emergence of German as a Literary Language. 1959. Cambridge: Cambridge University Press]

Bolelli, Tristano (1990) La linguistica che si fa in Italia deve essere proprio scritta in Inglese? In: Studi e Saggi linguistici 30, 303-305

Braunmüller, Kurt (1977) Referenz und Pronominalisierung. Zu den Deiktika und Proformen des Deutschen. Tübingen: Niemeyer

Bühler, Karl (1999 [1934]) Sprachtheorie. Die Darstellungsfunktion der Sprache. Ungekürzter Neudruck der Ausgabe von 1934. Jena: Gustav Fischer. Stuttgart: Lucius & Lucius

Bührig, Kristin (1996) Reformulierende Handlungen: Zur Analyse sprachlicher Adaptierungsprozesse in institutioneller Kommunikation. Tübingen: Narr

Calaresu, Emilia (2011) Il paradosso della promozione del monolinguismo come tutela del plurilinguismo (e del pluralismo e della diversità in genere). In:

Hornung, Antonie (Hg.) Lingue di cultura in pericolo: L'italiano e il tedesco di fronte alla sfida dell'internazionalizzazione / Bedrohte Wissenschaftssprachen: Deutsch und Italienisch vor den Herausforderungen der Internationalisierung. Tübingen: Stauffenburg, 1-16

Calaresu, Emilia / Guardiano, Cristina / Hölker, Klaus (Hgg.) (2006) Italienisch und Deutsch als Wissenschaftssprachen. Bestandsaufnahmen, Analysen, Perspektiven / Italiano e tedesco come lingue della comunicazione scientifica. Ricognizioni, analisi e prospettive. Berlin: LIT, 101-137

Carli, Augusto (2006) Una scienza – una lingua? I conflitti linguistici nella comunicazione scientifica. In: Grandi, Nicola / Iannaccaro, Gabriele (Hgg.) Zhì, Scritti in onore di Emanuele Banfi in occasione del suo 60. Compleanno. Prefazione di Tullio De Mauro. Roma: Caissa Italia, 177-188

Carli, Augusto / Calaresu, Emilia (2003) Le lingue della comunicazione scientifica. La produzione e la diffusione del sapere specialistico in Italia. In: Valentini, Ada / Molinelli, Piera / Cuzzolin, Pierluigi / Bernini, Giuliano (Hgg.) Ecologia Linguistica. Atti del XXXVI Congresso Internazionale di Studi della Società di Linguistica Italiana (SLI). Bergamo, 26-28 settembre 2002. Roma: Bulzoni, 27-74

Carobbio, Gabriella (2008) Kommentierendes Handeln in wissenschaftlichen Vorträgen. Prozedurale Leistungen von 'jetzt/nun' und 'adesso/ora'. In: Heller, Dorothee (Hg.) Formulierungsmuster in deutscher und italienischer Fachkommunikation. Intra- und interlinguale Perspektiven. Frankfurt: Lang, 221-235

Carobbio, Gabriella (2011) Autokommentierendes Handeln in der Wissenschaftssprache. Überlegungen zu einer möglichen Eingliederung in das sprachliche Handlungsmustersystem. In: Hornung, Antonie (Hg.) Lingue di Cultura in pericolo – Bedrohte Wissenschaftssprachen. L'italiano e il tedesco di fronte alla sfida dell'internazionalizzazione – Deutsch und Italienisch vor den Herausforderungen der Internationalisierung. Tübingen: Stauffenburg, 165-180

Ciliberti, Anna / Anderson, Laurie (1999) Le forme della comunicazione accademica. Milano: Franco Angeli

Clyne, Michael (1987) Cultural differences in the organization of academic texts. English and German. In: Journal of Pragmatics 11, 211-247

Clyne, Michael (1991) Zu kulturellen Unterschieden in der Produktion und Wahrnehmung englischer und deutscher wissenschaftlicher Texte. In: Info DaF 18/4, 376-383

Conte, Elisabeth (1988) Condizioni di coerenza. Ricerche di Linguistica testuale. Firenze: La Nuova Italia Editrice

Cortelazzo, Michele (1994) Lingue speciali. La dimensione verticale. Studi linguistici applicati. Padova: Unipress

Da Silva, Ana (2010) Überlegungen zum Stellenwert und zur Konzeptualisierung eristischer Strukturen in wissenschaftlichen Texten. In: Heller, Dorothee (Hg.) Deutsch, Italienisch und andere Wissenschaftssprachen. Schnittstellen ihrer Analyse. Frankfurt: Lang, 125-136

Dahmen, Wolfgang / Holtus, Günter / Kramer, Otto (Hgg.) (2011) Die romanischen Sprachen als Wissenschaftssprachen: Romanistisches Kolloquium XXIV. Tübingen: Narr

Dardano, Maurizio (1994) I linguaggi scientifici. In: Serianni, Luca / Trifone, Pietro (Hgg.) Storia della lingua italiana. Vol. 2. Torino: Einaudi, 497-551

De Mauro, Tullio (Hg.) (1994) Studi sul trattamento linguistico dell'informazione scientifica. Roma: Bulzoni

Debus, Friedhelm / Kollmann, Franz G. / Pörksen, Uwe (Hgg.) (2000) Deutsch als Wissenschaftssprache im 20. Jahrhundert. Vorträge des Internationalen Symposiums vom 18./19. Januar 2000. Stuttgart: Steiner

Della Valle, Valeria (2001) Ci vuol più tempo che a fare le figure. Per una storia del lessico artistico italiano. In: Gualdo, Riccardo (Hgg.) Le parole della scienza. Scritture tecniche e scientifiche in volgare. Galatina (Lecce): Congedo Editore, 307-326

Di Meola, Claudio (2009) Die Versprachlichung von Zukünftigkeit: Präsens vs. Futur I. In: Di Meola, Claudio / Gaeta, Livio / Hornung, Antonie / Rega, Lorenza (Hgg.) Perspektiven 3. Frankfurt: Lang, 19-39

Ehlich, Konrad (1993a) Prozedur. In: Glück, Helmut (Hg.) Metzer Lexikon Sprache. Stuttgart: Metzler: 491

Ehlich, Konrad (1993b) Deutsch als fremde Wissenschaftssprache. In: Jahrbuch Deutsch als Fremdsprache 19, 13-42

Ehlich, Konrad (1994) Funktionale Etymologie. In: Brünner, Gisela / Graefen, Gabriele (Hgg.) Texte und Diskurse. Methoden und Forschungsergebnisse der Funktionalen Pragmatik. Opladen: Westdeutscher Verlag, 68-82

Ehlich, Konrad (1999) Alltägliche Wissenschaftssprache. In: Info DaF 26/1, 3-24.

Ehlich, Konrad (2006) Mehrsprachigkeit in der Wissenschaftskommunikation – Illusion oder Notwendigkeit? In: Ehlich, Konrad / Heller, Dorothee (Hgg.) Die Wissenschaft und ihre Sprachen. Bern: Lang, 17-38

Ehlich, Konrad (2007) Sprache und sprachliches Handeln. Berlin: de Gruyter
Ehlich, Konrad (2007 [1978]) Deixis und Anapher. In: Rauh, Gisa (Hg.) Essays on Deixis. Tübingen: Narr, 79-97. Wiederveröffentlicht in: Ehlich, Konrad (Hg.) Sprache und Sprachliches Handeln. Bd. 2. Berlin: de Gruyter, 7-24
Ehlich, Konrad (2007 [1989]) Deictic expressions and the connexity of texts. In: Ehlich, Konrad (Hg.) Sprache und Sprachliches Handeln. Bd. 2. Berlin: de Gruyter, 45-62 [Erstveröffentlichung in: Conte, Maria E. / Petöfi, János / Sözer, Emel (Hgg.) Text and Discourse connectedness. Amsterdam: Benjamins, 33-52]
Ehlich, Konrad (2007 [1992a]) Scientific texts and deictic structures. In: Ehlich, Konrad (Hg.) Sprache und Sprachliches Handeln. Bd. 2. Berlin: de Gruyter, 91-117 [Erstveröffentlichung in: Stein, Dieter (Hg.) Cooperating with written texts: the pragmatics and comprehension of written texts. Berlin: de Gruyter, 201-229]
Ehlich, Konrad (2007 [1992b]) Funktional-pragmatische Kommunikationsanalyse – Ziele und Verfahren. In: Ehlich, Konrad (Hg.) Sprache und Sprachliches Handeln. Bd. 1. Berlin: de Gruyter, 9-28 [Erstveröffentlichung in: Flader, Dieter (Hg.) Verbale Interaktion. Studien zur Empirie und Methodologie der Pragmatik. Stuttgart: Metzler, 127-143]
Ehlich, Konrad (Hg.) (2002) Mehrsprachige Wissenschaft – europäische Perspektiven. Eine Konferenz zum Europäischen Jahr der Sprachen 2001. München, Institut für Deutsch als Fremdsprache / Transnationale Germanistik (http://www.euro-sprachenjahr.de /onlinepub.htm; 14.7.2012)
Ehlich, Konrad / Heller, Dorothee (Hgg.) (2006) Die Wissenschaft und ihre Sprachen. Bern: Lang
Ehlich, Konrad / Rehbein, Jochen (1979) Sprachliche Handlungsmuster. In: Soeffner, Hans-Georg (Hg.) Interpretative Verfahren in den Sozial- und Textwissenschaften. Stuttgart: Metzler, 243-274
Ehlich, Konrad / Rehbein, Jochen (1986) Muster und Institution. Untersuchungen zur schulischen Kommunikation. Tübingen: Narr
Eichinger, Ludwig M. (2000) Deutsche Wortbildung. Eine Einführung. Tübingen: Narr
Fandrych, Christian (2002) Herausarbeiten vs. illustrate. Kontraste bei der Versprachlichung von Sprechhandlungen in der englischen und deutschen Wissenschaftssprache. In: Ehlich, Konrad (Hg.) Mehrsprachige Wissenschaft – europäische Perspektiven. München

(http://www.euro-sprachenjahr.de/Fandrych.pdf; 14.7.2012)
Fandrych, Christian (2005) 'Räume' und 'Wege' der Wissenschaft. Einige zentrale Konzeptualisierungen von wissenschaftlichem Schreiben im Deutschen und Englischen. In: Fix, Ulla / Schröder, Marianne / Wellmann, Hans (Hgg.) Zwischen Lexikon und Text. Lexikalische, stilistische und textlinguistische Aspekte. Leipzig: Sächsische Akademie der Wissenschaften zu Leipzig, 20-33
Fandrych, Christian (2006) Bildhaftigkeit und Formelhaftigkeit in der allgemeinen Wissenschaftssprache als Herausforderung für Deutsch als Fremdsprache. In: Ehlich, Konrad / Heller, Dorothee (Hgg.) Die Wissenschaft und ihre Sprachen. Bern: Lang, 39-61
Fillmore, Charles (1972) Ansätze zu einer Theorie der Deixis. Deutsche Übersetzung von W. Kürschner. In: Kiefer, Ferenc (Hg.) Semantik und generative Grammatik. Bd. I. Frankfurt: Athenäum, 147-174
Fleischer, Wolfgang / Barz, Irmhild (1995) Wortbildung der deutschen Gegenwartssprache. 2. durchgesehene u. ergänzte Auflage. Tübingen: Niemeyer
Gaberell, Roger (2001) Das Problem der Linearität wissenschaftlicher Texte – Aspekte der Kohäsion und Kohärenz des Deutschen und Französischen. In: Adamzik, Kirsten (Hg.) Kontrastive Textologie. Untersuchungen zur deutschen und französischen Sprach- und Literaturwissenschaft. Tübingen: Narr, 287-328
Galilei, Galileo (1970 [1632]) Dialogo sopra i due massimi sistemi del mondo. A cura di: Sosio, Libero. Torino: Einaudi [Nachdruck der Ausgabe von 1632]
(http://www.letteraturaitaliana.net/pdf/Volume_6/t333.pdf; 14.7.2012)
Galilei, Galileo (1965 [1637]) Discorsi e dimostrazioni matematiche, intorno a due nuove scienze attinenti la mecanica e i moti locali. Florenz: Barbèra [Nachdruck der Ausgabe von 1637]
Galilei, Galileo (1982 [1891]) Dialog über die beiden Hauptsächlichsten Weltsysteme. Das ptolemäische und das kopernikanische. Aus dem Italienischen übersetzt und erläutert von Emil Strauss. Mit einem Beitrag von Albert Einstein sowie mit einem Vorwort zur Neuausgabe und weiteren Erläuterungen von Stillman Drake. Herausgegeben von Roman Sexl und Karl von Meyenn. Stuttgart: Teubner [Nachdruck der Ausgabe von 1891]
Gardt, Andreas / Hüppauf, Bernd (2004) Globalization and the Future of German. Berlin: de Gruyter

Giovanardi, Claudio (1987) Linguaggi scientifici e lingua comune nel settecento. Roma: Bulzoni

Graefen, Gabriele (1994) Wissenschaftstexte im Vergleich. Deutsche Autoren auf Abwegen? In: Brünner, Gisela / Graefen, Gabriele (Hgg.) Texte und Diskurse. Methoden und Ergebnisse der Funktionalen Pragmatik. Wiesbaden: Westdeutscher Verlag, 136-157

Graefen, Gabriele (1997) Der Wissenschaftliche Artikel – Textart und Textorganisation. Frankfurt: Lang

Graefen, Gabriele (2000a) Textkommentierung in deutschen und englischen wissenschaftlichen Artikeln. In: Schlosser, Horst Dieter (Hg.) Sprache und Kultur. Frankfurt: Lang, 113-124

Graefen, Gabriele (2000b) 'Hedging' als neue Kategorie? Ein Beitrag zur Diskussion. (http://viadrina.euv-frankfurt-o.de/~sw2/Forschung/Hedging/graefen.html; 14.7.2012)

Graefen, Gabriele (2002) Probleme mit der Alltäglichen Wissenschaftssprache in Hausarbeiten ausländischer StudentInnen. (http://www.wissenschaftssprache.de/Texte/GG_Probleme_mit_AWS_2002.pdf; 14.7.2012)

Graefen, Gabriele (2004) Aufbau idiomatischer Kenntnisse in der Wissenschaftssprache. In: Materialien Deutsch als Fremdsprache 73, 293-309

Graefen, Gabriele (2009) Versteckte Metaphorik – ein Problem im Umgang mit der fremden deutschen Wissenschaftssprache. In: Dalmas, Martine / Foschi Albert, Marina / Hepp, Marianne (Hgg.) Wissenschaftliche Textsorten im Germanistikstudium deutsch-italienisch-französisch kontrastiv. Akten der Villa Vigoni-Tagung 4.-7. Juni 2007, 149-166. (http://www.villavigoni.it/fileadmin/user_upload/pdfs/Wissenschaftliche TextsortenGermanistikstudium.pdf; 14.7.2012)

Graefen, Gabriele / Moll, Melanie (2011) Wissenschaftssprache Deutsch: lesen – verstehen – schreiben. Ein Lehr- und Arbeitsbuch. Frankfurt: Lang

Graefen, Gabriele / Thielmann Winfried (2007) Der Wissenschaftliche Artikel. In: Auer, Peter / Bassler, Harald (Hgg.) Reden und Schreiben in der Wissenschaft. Frankfurt a.M.: Campus, 67-97

Gualdo, Riccardo (2001) Le parole della scienza. Scritture tecniche e scientifiche in volgare. Lecce: Congedo Editore

Heinrich, Wilma / Heiss, Christine (Hgg.) Fachsprache, elektronische Wörterbücher, multimediale Datenbanken. Empirische Forschungsansätze der

Sprach- und Übersetzungswissenschaft. Festschrift für Marcello Soffritti zum 60. Geburtstag. München: Iudicium

Heller, Dorothee (2004) Deutsch als Wissenschaftssprache. In: Moraldo, Sandro / Soffritti, Marcello (Hgg.) Deutsch aktuell. Einführung in die Tendenzen der deutschen Gegenwartssprache. Roma: Carocci, 230-241

Heller, Dorothee (2006a) L'autore traccia un quadro... Einige Beobachtungen zur Versprachlichung wissenschaftlichen Handelns im Deutschen und Italienischen. In: Ehlich, Konrad / Heller, Dorothee (Hgg.) Die Wissenschaft und ihre Sprachen. Bern: Lang, 63-86

Heller, Dorothee (2006b) Wissenschaftskommunikation zwischen Variation und Konvention. In: Neuland, Eva (Hg.) Variation im heutigen Deutsch: Perspektiven für den Sprachunterricht. Frankfurt: Lang, 220-232

Heller, Dorothee (2007) Textkommentierende Hinweise im Sprachvergleich (Deutsch-Italienisch). Eine Fallstudie zu wissenschaftlichen Abstracts. In: Heller, Dorothee / Taino, Piergiulio (Hgg.) Italienisch-deutsche Studien zur fachlichen Kommunikation. Frankfurt: Lang, 155-166

Heller, Dorothee (2008a) (Hg.) Formulierungsmuster in deutscher und italienischer Fachkommunikation. Intra- und interlinguale Perspektiven. Frankfurt: Lang

Heller, Dorothee (2008b) Kommentieren und Orientieren. Anadeixis und Katadeixis in soziologischen Fachaufsätzen. In: Heller, Dorothee (Hg.) Formulierungsmuster in deutscher und italienischer Fachkommunikation. Intra- und interlinguale Perspektiven. Frankfurt: Lang, 106-138

Heller, Dorothee (2008c) Sprechhandlungsausdrücke in deutschen und italienischen Rezensionen der Rechtswissenschaft. In: Mayer, Felix / Krings, Hans (Hgg.) Sprachenvielfalt im Kontext von Fachkommunikation, Übersetzung und Fremdsprachenunterricht. Berlin: Frank & Timme, 369-380

Heller, Dorothee (2009a) Hier sei lediglich erwähnt … / Per ora voglio solo accennare… Textdeixis in deutschen und italienischen Wissenschaftstexten. In: Di Meola, Claudio / Hornung, Antonie / Rega, Lorenza (Hgg.) Perspektiven 3. Frankfurt: Lang, 9-39

Heller, Dorothee (2009b) Wortbildung im Verbalbereich. Beobachtungen zur Verwendung komplexer Verben in deutschen Wissenschaftstexten und zu ihren Entsprechungen im Italienischen. In: Heiss, Christine / Heinrich, Wilma (Hgg.) Fachsprache, elektronische Wörterbücher, multimediale Datenbanken. Empirische Forschungsansätze der Sprach- und Übersetzungswissenschaft. München: Iudicium, 80-96

Heller, Dorothee (2010a) Unauffällige Ressourcen von Wissenschaftssprachen: Verweisausdrücke im Sprach- und Übersetzungsvergleich. In: Heller, Dorothee (Hg.) (2010b) Deutsch, Italienisch und andere Wissenschaftssprachen. Schnittstellen ihrer Analyse. Frankfurt: Lang, 43-66

Heller, Dorothee (Hg.) (2010b) Deutsch, Italienisch und andere Wissenschaftssprachen. Schnittstellen ihrer Analyse. Frankfurt: Lang

Heller, Dorothee (2011a) Verbale Ausdrücke und metaphorische Bezüge in deutschen und italienischen Wissenschaftstexten. In: Hornung, Antonie (Hg.) Lingue di cultura in pericolo – Bedrohte Wissenschaftssprachen. L'italiano e il tedesco di fronte alla sfida dell'internazionalizzazione. Deutsch und Italienisch vor den Herausforderungen der Internationalisierung. Tübingen: Stauffenburg, 143-163

Heller, Dorothee (2011b) Wissenschaftliche Rezensionen und popularisierende Buchbesprechungen im Vergleich. In: Knorr Dagmar / Nardi Antonella (Hgg.) Fremdsprachliche Textkompetenz entwickeln, 135-154

Heller, Dorothee / Taino, Piergiulio (Hgg.) (2007) Italienisch-deutsche Studien zur fachlichen Kommunikation. Frankfurt: Lang

Hempel, Karl Gerhard (2012) Gegenwart und Zukunft der Mehrsprachigkeit in den Geisteswissenschaften. Deutsch und Italienisch in der klassischen Archäologie. In: Trans-kom 5 [1] (2012), 60-123

Hoffmann, Ludger (1997) Deixis und situative Orientierung. In: Zifonun, Gisela / Hoffmann, Ludger / Strecker, Bruno (Hgg.) Grammatik der deutschen Sprache. Band 1. Berlin: de Gruyter, 310-359

Hohenstein, Christiane (2006) Erklärendes Handeln im Wissenschaftlichen Vortrag. Ein Vergleich des Deutschen mit dem Japanischen. München: Iudicium

Hornung, Antonie (2011a) Gegen den Strom: individuelle Mehrsprachigkeit trotz Einsprachigkeitspolitik. In: Hornung, Antonie (Hg.) Lingue di cultura in pericolo: L'italiano e il tedesco di fronte alla sfida dell'internazionalizzazione / Bedrohte Wissenschaftssprachen: Deutsch und Italienisch vor den Herausforderungen der Internationalisierung. Tübingen: Stauffenburg, 261-313

Hornung, Antonie (2011b) Lingue di cultura in pericolo: L'italiano e il tedesco di fronte alla sfida dell'internazionalizzazione / Bedrohte Wissenschaftssprachen: Deutsch und Italienisch vor den Herausforderungen der Internationalisierung. Tübingen: Stauffenburg

Hutz, Mathias (2001) 'Insgesamt muss ich leider zu einem ungünstigen Urteil kommen'. Zur Kulturspezifik wissenschaftlicher Rezensionen im Deutschen und Englischen. In: Fix, Ulla / Habscheid, Stephan / Klein, Josef (Hgg.) Zur Kulturspezifik von Textsorten. Tübingen: Stauffenburg, 109-130

Jäkel, Olaf (2003) Wie Metaphern Wissen schaffen. Die kognitive Metapherntheorie und ihre Anwendung in Modell-Analysen der Diskursbereiche Geistestätigkeit, Wirtschaft, Wissenschaft und Religion. Hamburg: Verlag Dr. Kovaĉ

Kalverkämper, Hartwig (1996) Die Kultur des literarischen wissenschaftlichen Dialogs – aufgezeigt an einem Beispiel aus der italienischen Renaissance (Galilei) und der französischen Aufklärung (Fontenelle). In: Baumann, Klaus-Dieter / Kalverkämper, Hartwig (Hgg.) Fachliche Textsorten. Tübingen: Narr, 683-743

Kalverkämper, Hartwig / Weinrich, Harald (Hgg.) (1986) Deutsch als Wissenschaftssprache. 25. Konstanzer Literaturgespräch des Buchhandels 1985. Tübingen: Narr

Kilgarriff, Adam / Rychly, Pavel / Smrz, Pavel / Tugwell, David (2004) The Sketch Engine. In: Proceedings of Euralex 2004. Lorient (France): Marc Luder, 105-116 (http://www.sketchengine.co.uk; 14/7/2012)

Klein, Wolfgang (1978) Wo ist hier? Preliminarien zu einer Untersuchung der lokalen Deixis. In: Linguistische Berichte 58, 18-40

Klein, Wolfgang (2000) Das Ende vor Augen: Deutsch als Wissenschaftssprache. In: Debus, Friedhelm / Kollmann, Franz G. / Pörksen, Uwe (Hgg.) Deutsch als Wissenschaftssprache im 20. Jahrhundert. Vorträge des Internationalen Symposiums vom 18./19. Januar 2000. Stuttgart: Steiner, 287-292

Kolehmainen, Leena (2005) Präfix- und Partikelverben im deutsch-finnischen Kontrast. Universität von Helsinki (http://ethesis.helsinki.fi/julkaisut/hum /saksa/vk/kolehmanen/prafixun.pdf; 14/7/2012)

Kretzenbacher, Heinz Leonard / Weinrich, Harald (Hgg.) (1995) Linguistik der Wissenschaftssprache. Berlin: de Gruyter

Lombardi, Alessandra (2008) Tempus der Wissenschaft: eine kontrastive Fallstudie zu deutschen und italienischen Artikeln des Annali-Korpus. In: Heller, Dorothee (Hg.) Formulierungsmuster in deutscher und italienischer Fachkommunikation. Intra- und interlinguale Perspektiven. Frankfurt: Lang, 139-180

Ludovici, Carl Günther (1977 [1737]) Ausführlicher Entwurf einer vollständigen Historie der Wollfischen Philosophie. Band. 1.2. Hildesheim: Olms

Lyons, John (1977) Semantics. Cambridge: Cambridge University Press

Maaß, Christiane (2006) Diskursdeixis in Einleitungen zu wissenschaftlichen Abschlussarbeiten. In: Calaresu, Emilia / Guardiano, Cristina / Hölker, Klaus (Hgg.) Italienisch und Deutsch als Wissenschaftssprachen. Bestandsaufnahmen, Analysen, Perspektiven / Italiano e tedesco come lingue della comunicazione scientifica. Ricognizioni, analisi e prospettive. Berlin: LIT, 195-224

Marazzini, Claudio (2011) Kurze Geschichte der italienischen Sprache. Aus dem Italienischen übersetzt von Hansbert Bertsch. Tübingen: Stauffenburg

Markl, Hubert (1986) Die Spitzenforschung spricht englisch. In: Kalverkämper, Hartwig / Weinrich, Harald (Hgg.) Deutsch als Wissenschaftssprache. 25. Konstanzer Literaturgespräch des Buchhandels 1985. Tübingen: Narr, 20-25

Masini, Francesca (2006) Diacronia dei verbi sintagmatici in italiano. In: Archivio Glottologico Italiano XCI (1), 67-105

Mayer, Felix / Krings, Hans Peter (Hgg.) (2008) Sprachenvielfalt im Kontext von Fachkommunikation, Übersetzung und Fremdsprachenunterricht. Berlin: Frank & Timme

Menzel, Wolfgang (1996) Vernakuläre Wissenschaft. Christian Wolffs Bedeutung für die Herausbildung und Durchsetzung des Deutschen als Wissenschaftssprache. Tübingen: Niemeyer

Mocikat, Ralph (2008) Sprache als heuristisches Werkzeug im naturwissenschaftlichen Erkenntnisprozess. In: Redder Angelika / Ehlich, Konrad (Hgg.) Mehrsprachigkeit für Europa – sprachen- und bildungspolitische Perspektiven. Essen: Gilles & Francke, 65-74

Moroni, Manuela (2010) Intonationskonturen im wissenschaftlichen Vortrag. In: Heller, Dorothee (Hg.) Deutsch, Italienisch und andere Wissenschaftssprachen. Schnittstellen ihrer Analyse. Frankfurt: Lang, 217-243

Moroni, Manuela (2011) Sprachliche Eigenschaften mündlicher Wissenschaftskomummunikation. Eine Fallstudie zu Referaten italienischsprachiger Studierender der Germanistischen Linguistik. In: Hornung, Antonie (Hg.) Lingue di cultura in pericolo: L'italiano e il tedesco di fronte alla sfida dell'internazionalizzazione / Bedrohte Wissenschaftssprachen:

Deutsch und Italienisch vor den Herausforderungen der Internationalisierung. Tübingen: Stauffenburg, 115-126

Moroni, Manuela / Neumann, Sabine / Vogt, Irene / Zech, Claudia (2011) Wege zur Vermittlung wissenschaftlichen Schreibens. Trento: Tangram (http://www.deutschlektoren.it/Materialien/Dokumente/Wege_zur_Vermittlung.pdf; 14/7/2012)

Nardi, Antonella (2008) Subordinierende und koordinierende Satzverknüpfung in sozialwissenschaftlichen Texten. Eine Pilotstudie. In: Heller, Dorothee (Hg.) Formulierungsmuster in deutscher und italienischer Fachkommunikation. Intra- und interlinguale Perspektiven. Frankfurt: Lang, 181-220

Olschki, Leo (1965) [3 Bände, 1919-27] Geschichte der neusprachlichen wissenschaftlichen Literatur. Vaduz (Lichtenstein): Kraus

Polenz, Peter v. (2000 [1991]) Deutsche Sprachgeschichte vom Spätmittelalter bis zur Gegenwart: Einführung, Grundbegriffe, 14. bis 16. Jahrhundert. Berlin: de Gruyter

Pörksen, Uwe (1983) Der Übergang vom Gelehrtenlatein zur deutschen Wissenschaftssprache. Zur frühen deutschen Fachliteratur und Fachsprache in den naturwissenschaftlichen und mathematischen Fächern (ca. 1500-1800). In: Zeitschrift für Literaturwissenschaft und Linguistik 51/52, 227-258

Pörksen, Uwe (1986) Deutsche Naturwissenschaftssprachen: historische und kritische Studien. Tübingen: Narr

Pörksen, Uwe (1999) Brauchen wir eine vergleichende europäische Sprachgeschichte? Latein als Hintergrund und Untergrund unserer Wissenschaftssprache. In: Sprache und Sprachen in den Wissenschaften. Berlin: de Gruyter, 638-667

Redder, Angelika (1990) Grammatiktheorie und sprachliches Handeln: "denn" und "da". Tübingen: Niemeyer

Redder, Angelika (2000) Textdeixis. In: Brinker, Klaus / Antos, Gerd / Heinemann, Wolfgang / Sager, Sven F. (Hgg.) Text- und Gesprächslinguistik. Bd. I. Berlin: de Gruyter, 283-294

Redder, Angelika (2005) Wortarten oder sprachliche Felder, Wortartenwechsel oder Feldtransposition? In: Knobloch, Clemens / Schaeder, Burkhard (Hgg.) Wortarten und Grammatikalisierung. Perspektiven in System und Erwerb. Berlin: de Gruyter: 43-66

Redder, Angelika (2008) Functional pragmatics. In: Antos, Gerd / Ventola, Eija (Hgg.) Handbook of Interpersonal Communication. Berlin: de Gruyter, 133-178

Redder, Angelika (2009) Deiktisch basierte Konnektivität. Exemplarische Analyse von 'dabei' etc. in der Wissenschaftskommunikation. In: Ehrich, Veronika / Fortman, Christian / Reich, Ingo / Reis, Marga (Hgg.) Koordination und Subordination im Deutschen. Hamburg: Buske, 182-201

Redder, Angelika (2010) Grammatik und sprachliches Handeln in der Funktionalen Pragmatik – Grundlagen und Vermittlungsziele. In: Tanaka, Satoshi (Hg.) Grammatik und sprachliches Handeln. München: Iudicium, 9-26

Redder, Angelika (2011) Prozedurale Re-Analyse von elementaren Wortarten und Wortbildung. In: Jahrbuch Deutsch als Fremdsprache 37, 125-141

Redder, Angelika (i.E.) Produktivität der Diskontinuität: Verbalkomplex und komplexe Verben in der 'Bildungssprache'. In: Köpcke, Klaus-Michael / Ziegler, Arne (Hgg.) Wohin steuert die (Schul)Grammatik? (= Vortrag Münster November 2011). Berlin: de Gruyter (erscheint voraussichtlich 2013)

Redder, Angelika / Ehlich, Konrad (2008) (Hgg.) Mehrsprachigkeit für Europa – sprachen- und bildungspolitische Perspektiven. Essen: Gilles & Francke

Rehbein, Jochen (2001) Konzepte der Diskursanalyse. In: Brinker, Klaus / Antos, Gerd / Heinemann, Wolfgang / Sager, Sven F. (Hgg.) Text- und Gesprächslinguistik. Berlin: de Gruyter, 927-945

Ricken, Ulrich (1995) Zum Thema Christian Wolff und die Wissenschaftssprache der deutschen Aufklärung. In: Kretzenbacher, Heinz L. / Weinrich, Harald (Hgg.) Linguistik der Wissenschaftssprache. Berlin: de Gruyter, 41–90

Ricken, Ulrich (2010) Christian Wolffs deutsche Wissenschaftssprache und einige Aspekte ihrer Rezeption. In: Stolzenberg, Jürgen / Rudolph, Oliver Pierre (Hgg.) Christian Wolff und die europäische Aufklärung. Akten des 1. Internationalen Christian-Wolff-Kongresses. Halle (Saale), 4.-8. April 2004. Teil 5. Hildesheim: Olms, 177-191

Sabatini, Francesco (1999) 'Rigidità-esplicitezza' vs. 'elasticità-implicitezza': possibili parametri massimi per una tipologia dei testi. In: Sabatini, Francesco / Skytte, Gunver (Hgg.) Linguistica testuale comparativa. Århus: Museum Tusculanum Press, 141-172

Sabatini, Francesco (2007) Bisogno d'italiano nelle Università. Lettera aperta ai ministri dell'Università e dell'Istruzione. In: La Crusca per voi 35, 1-3.

Schiewe, Jürgen (1996) Sprachenwechsel – Funktionswandel – Austausch der Denkstile. Die Universität Freiburg zwischen Latein und Deutsch. Tübingen: Niemeyer

Schiewe, Jürgen (2000) Von Latein zu Deutsch, von Deutsch zu Englisch. Gründe und Folgen des Wechsels von Wissenschaftssprachen. In: Debus, Friedhelm / Kollmann, Franz G. / Pörksen, Uwe (Hgg.) Deutsch als Wissenschaftssprache im 20. Jahrhundert. Vorträge des Internationalen Symposiums vom 18./19. Januar 2000. Stuttgart: Steiner, 81-104

Schlotthauer, Susan / Zifonun, Gisela (2008) Zwischen Wortbildung und Syntax: Die "Wortigkeit" von Partikelverben/Präverbfügungen in sprachvergleichender Perspektive. In: Eichinger, Ludwig M. / Meliss, Meike / Dominguez Vàzquez, Maria José (Hgg.) Wortbildung heute. Tendenzen und Kontraste in der deutschen Gegenwartssprache. Tübingen: Narr, 271-310

Schwarze, Sabine (2007) Wissenschaftsstile in der Romania: Frankreich / Italien. In: Baßler, Harald / Auer, Peter (Hgg.) Reden und Schreiben in der Wissenschaft. Frankfurt: Campus, 185-210

Simone, Raffaele (1997) Esistono verbi sintagmatici in italiano? In: De Mauro, Tullio / Lo Cascio, Vincenzo (Hgg.) Lessico e grammatica. Teorie linguistiche e applicazioni lessicografiche (= SLI 36). Roma: Bulzoni, 155-170

Skudlik, Sabine (1990) Sprachen in den Wissenschaften. Deutsch und Englisch in der internationalen Kommunikation. Tübingen: Narr

Sobrero, Alberto A. (1993) Lingue speciali. In: Sobrero, Alberto A. (Hg.) Introduzione all'italiano contemporaneo. La variazione e gli usi. Bari: Laterza, 237-277

Soffritti, Marcello (1995) Lingue di specializzazione e insegnamento del tedesco nelle facoltà di Scienze Politiche – Il caso della formazione delle parole. In: Lévy Mongelli, Danielle / Tomaselli, Alessandra (Hgg.) Specificità dell'insegnamento delle lingue straniere nella facoltà di Scienze Politiche: francese e tedesco a confronto. Roma: Tonigraf, 34-50

Steinhoff, Torsten (2007) Wissenschaftliche Textkompetenz. Sprachgebrauch und Schreibentwicklung in wissenschaftlichen Texten von Studenten und Experten. Tübingen: Niemeyer

Stickel, Gerhard (1999) Deutsch als Wissenschaftssprache. In: Sprachreport 2/1999, 16-19

Thielmann, Winfried (1999) Fachsprache der Physik als begriffliches Instrumentarium. Exemplarische Untersuchungen zur Funktionalität naturwissenschaftlicher Begrifflichkeit bei der Wissensgewinnung und -strukturie-

rung im Rahmen der experimentellen Befragung von Natur. Frankfurt: Lang
Thielmann, Winfried (2003) Wege aus dem sprachpolitischen Vakuum? Zur scheinbaren wissenschaftskulturellen Neutralität wissenschaftlicher Universalsprachen. In: Ehlich, Konrad (Hg.) Mehrsprachige Wissenschaft – europäische Perspektiven. Eine Konferenz im Europäischen Jahr der Sprachen. München (http://www.euro-sprachenjahr.de/Thielmann.pdf; 14/7/2012)
Thielmann, Winfried (2007) Alltagssprachen als wissenschaftliche Ressource. In: Deutsch als Wissenschaftssprache. Sektion III "Wissenschaft ist mehrsprachig" im Rahmen des Festivals "Die Macht der Sprache". Berlin, Akademie der Künste, 15.-16. Juni 2007. Bonn: DAAD, 45-56
Thielmann, Winfried (2009) Deutsche und englische Wissenschaftssprache im Vergleich. Hinführen – Verknüpfen – Benennen. Heidelberg: Synchron
Thielmann, Winfried (2012) Zur Einzelsprachenspezifik wissenschaftlichen Sprachausbaus im gnoseologischen Funktionsbereich von Sprache. In: Linguistik online 52 (2) (http://www.linguistik-online.de/52_12/thielmann.html; 14/7/2012)
Tonelli, Livia (2002) Die italienische Sprache der Wissenschaft: Eine Bestandsaufnahme. In: Ehlich, Konrad (Hg.) Mehrsprachige Wissenschaft – europäische Perspektiven. München (http://www.euro-sprachenjahr.de/Tonelli.pdf; 14/7/2012)
Treibel, Annette (1995) Die Sprache der Soziologie – eine ganz normale Wissenschaftssprache? Österreichische Zeitschrift für Soziologie. Jg. 20. H. 1, 28-45
Vanelli, Laura (1995) La deissi (Kap.1-5). In: Renzi, Lorenzo / Salvi, Giampaolo (Hgg.) Grande grammatica italiana di consultazione. Vol III: Tipi di frase, deissi, formazione delle parole. Bologna: il Mulino, 261-350
Venier, Federica (1996) I verbi sintagmatici. In: Blumenthal, Peter / Rovere, Giovanni / Schwarze, Christoph (Hgg.) Lexikalische Analyse romanischer Sprachen. Tübingen: Niemeyer, 149-156
Venier Federica (2012) La corrente di Humboldt. Una lettura di 'La Lingua franca' di Hugo Schuchardt, Roma: Carocci.
Veronesi, Daniela (2011) Wege, Gebäude, Kämpfe, Metaphern im deutschen und italienischen rechtswissenschaftlichen Diskurs. Synchron: Heidelberg
Weinrich, Harald (1985) Sprache und Wissenschaft. In: Merkur 39, 496-506. Erweiterte Fassung in: Weinrich, Harald (2001) (Hg.) Sprache, das heißt

Sprachen, mit einem vollständigen Schriftenverzeichnis des Autors. Tübingen: Narr, 207-220

Weinrich, Harald (1993) Textgrammatik der deutschen Sprache. Mannheim: Dudenverlag

Wolff, Christian (1962 [1713]) Vernünfftige Gedancken von den Kräften des menschlichen Verstandes und ihrem richtigen Gebrauche in Erkenntnis der Wahrheit. Hildesheim: Olms [= Deutsche Logik, Nachdruck der Ausgabe von 1713]

Wolff, Christian (1973 [1733]) Ausführliche Nachricht von seinen eigenen Schrifften, die er in deutscher Sprache herausgegeben, mit einer Einleitung von Hans Werner Arndt. Hildesheim: Olms [Nachdruck der 2. Auflage von 1733]

Wolff, Christian (1983 [1751]) Vernünfftige Gedancken von Gott, der Welt und der Seele des Menschen, auch allen Dingen überhaupt. Hgg.: Corr, Charles A.. Hildesheim: Olms [= Deutsche Metaphysik, Nachdruck der Ausgabe von 1751]

Zifonun, Gisela / Hoffmann, Ludger / Strecker, Bruno (1997) Grammatik der deutschen Sprache. Band 1. Berlin: de Gruyter

ARBEITEN ZUR SPRACHANALYSE

Band 1 Annegret Reski: Aufforderungen. Zur Interaktionsfähigkeit im Vorschulalter. 1982.

Band 2 Gunter Senft: Sprachliche Varietät und Variation im Sprachverhalten Kaiserslauterer Metallarbeiter. Untersuchungen zu ihrer Begrenzung, Beschreibung und Bewertung. 1982.

Band 3 Petra Löning: Das Arzt-Patienten-Gespräch. Gesprächsanalyse eines Fachkommunikationstyps. 1985.

Band 4 Ulrike Hoffmann-Richter: Der Knoten im roten Faden. Eine Untersuchung zur Verständigung von Arzt und Patient in der Visite. 1985.

Band 5 Harald Mispelkamp: Theoriegeleitete Sprachtestkonstruktion. 1985.

Band 6 Klaus R. Wagner (Hrsg.): Wortschatz-Erwerb. 1987.

Band 7 Rainer Enrique Hamel: Sprachenkonflikt und Sprachverdrängung. Die zweisprachige Kommunikationspraxis der Otomi-Indianer in Mexiko. 1988.

Band 8 Konrad Ehlich / Klaus R. Wagner (Hrsg.): Erzähl-Erwerb. 1989.

Band 9 Ulrike Behrens: Wenn nicht alle Zeichen trügen. 1989.

Band 10 Petra Wieler: Sprachliches Handeln im Literaturunterricht als didaktisches Problem. 1989.

Band 11 Hannspeter Bauer: Diagnostische Grammatiktests. Planung, Konstruktion und Anwendung einer Testbatterie zur Diagnose sprachlicher Defizite bei heterogenen Schülerpopulationen, am Beispiel der Einstufungsdiagnose für die Jahrgangsstufe 11.1. 1990.

Band 12 Georg Friedrich: Methodologische und analytische Bestimmungen sprachlichen Handelns des Sportlehrers. Bedeutungen sportpädagogischer Praxis unter Berücksichtigung linguistischer Wissenschaft. 1991.

Band 13 Florian Menz: Der geheime Dialog. Medizinische Ausbildung und institutionalisierte Verschleierungen in der Arzt-Patient-Kommunikation. Eine diskursanalytische Studie. 1991.

Band 14 Elisabeth Leinfellner: Semantische Netze und Textzusammenhang. 1992.

Band 15 Reinhard Wenk: Intonation und "aktuelle Gliederung". Experimentelle Untersuchungen an slavischen Entscheidungs- und Ergänzungsfragen. 1992.

Band 16 Günther Richter (Hrsg.): Methodische Grundfragen der Erforschung gesprochener Sprache. 1993.

Band 17 Rainer von Kügelgen: Diskurs Mathematik. Kommunikationsanalysen zum reflektierenden Lernen. 1994.

Band 18 Martina Liedke: Die Mikro-Organisation von Verständigung. Diskursuntersuchungen zu griechischen und deutschen Partikeln. 1994.

Band 19 Thomas Kaul: Problemlösestrukturen im Unterricht. Eine interaktionsanalytische Studie zum Lehrer-Schüler-Verhalten im Unterricht der Gehörlosenschule. 1994.

Band 20 Klaus-B. Günther: Vergleich der symbolisch visuellen Wahrnehmungs- und visomotorischen Produktionsfähigkeit von sprachentwicklungsgestörten, gehörlosen und nichtbehinderten Kindern (VIS). Eine empirische Grundlagenuntersuchung zu den wahrnehmungsmäßigen und feinmotorisch-koordinativen Voraussetzungen für den Schriftspracherwerb. 1994.

Band 21 Ursula Braun: Unterstützte Kommunikation bei körperbehinderten Menschen mit einer schweren Dysarthrie. Eine Studie zur Effektivität tragbarer Sprachcomputer im Vergleich zu Kommunikationstafeln. 1994.

Band 22 Janie Noëlle Rasoloson: Interjektionen im Kontrast. Am Beispiel der deutschen, madagassischen, englischen und französischen Sprache. 1994.

Band 23 Shing-lung Chen: Pragmatik des Passivs in chemischer Fachkommunikation. Empirische Analyse von Labordiskursen, Versuchsanleitungen, Vorlesungen und Lehrwerken. 1995.

Band 24 Irmgard Maier: Passivparadigmen im Spanischen und im Deutschen. Eine Untersuchung auf der Basis der Relationalen Grammatik in didaktischer Absicht. 1995.

Band 25 Stephan Schlickau: Moderation im Rundfunk. Diskursanalytische Untersuchungen zu kommunikativen Strategien deutscher und britischer Moderatoren. 1996.

Band 26 Klaus-Börge Boeckmann: Zweisprachigkeit und Schulerfolg. Das Beispiel Burgenland. 1997.

Band 27 Gabriele Graefen: Der Wissenschaftliche Artikel – Textart und Textorganisation. 1997.

Band 28 Jialing Fu: Sprache und Schrift für alle. Zur Linguistik und Soziologie der Reformprozesse im China des 20. Jahrhunderts. 1997.

Band 29 Anne Berkemeier: Kognitive Prozesse beim Zweitschrifterwerb. Zweitalphabetisierung griechisch-deutsch-bilingualer Kinder im Deutschen. 1997.

Band 30 Jürgen W. Hasert: Schreiben mit der Hand. Schreibmotorische Prozesse bei 8-10-jährigen Grundschülern. 1998.

Band 31 Rosa Kanz: "Versicherte Risiken". Wie verstehen Versicherte und Versicherer versicherungstechnische Ausdrücke im Auto-Schutzbrief? Eine lexikographische Untersuchung. 1998.

Band 32 Thomas Becker: Das Vokalsystem der deutschen Standardsprache. 1998.

Band 33 Martin Reisigl: Sekundäre Interjektionen. Eine diskursanalytische Annäherung. 1999.

Band 34 Winfried Thielmann: Fachsprache der Physik als begriffliches Instrumentarium. Exemplarische Untersuchungen zur Funktionalität naturwissenschaftlicher Begrifflichkeit bei der Wissensgewinnung und -strukturierung im Rahmen der experimentellen Befragung von Natur. 1999.

Band 35 Evangelia Karagiannidou: Deutsch als Fremdsprache für Griechen. Gesprochenes Deutsch als Kommunikationsmittel. 2000.

Band 36 Zhenjian Yan: Schriftsystem, Literalisierung, Literalität. 2000.

Band 37 Barbara Eisen: Phonetische Aspekte zwischensprachlicher Interferenz. Untersuchungen zur Artikulationsbasis an Häsitationspartikeln nicht-nativer Sprecher des Deutschen. 2001.

Band 38 Andrea Kolwa: Internationalismen im Wortschatz der Politik. Interlexikologische Studien zum Wortschatz der Politik in neun EU-Amtssprachen sowie im Russischen und Türkischen. 2001.

Band 39 Anita Dreischer: "Sie brauchen mich nicht immer zu streicheln ...". Eine diskursanalytische Untersuchung zu den Funktionen von Berührungen in medialen Gesprächen. 2001.

Band 40 Andrea Schilling: Bewerbungsgespräche in der eigenen und fremden Sprache Deutsch. Empirische Analysen. 2001.

Band 41 Verena Jung: English-German Self-Translation of Academic Texts and its Relevance for Translation Theory and Practice. 2002.

Band 42 Ortrun Hanna: Wissensvermittlung durch Sprache und Bild. Sprachliche Strukturen in der ingenieurwissenschaftlichen Hochschulkommunikation. 2003.

Band 43 Caroline Trautmann: Argumentieren. Funktional-pragmatische Analysen praktischer und wissenschaftlicher Diskurse. 2004.

Band 44 Athanasia Jakovidou: Duale Kodierung. Eine experimentelle Studie zur Theorie von Paivio. 2004.

Band 45 Eric A. Anchimbe: Cameroon English. Authenticity, Ecology and Evolution. 2006.

Band 46 Claudia Lange: Reflexivity and Intensification in English. A Study of Texts and Contexts. 2007.

Band 47 Ulrike Wrobel: Raum als kommunikative Ressource. Eine handlungstheoretische Analyse visueller Sprachen. 2007.

Band 48 Martje Hansen: Warum braucht die Deutsche Gebärdensprache kein Passiv? Verfahren der Markierung semantischer Rollen in der DGS. 2007.

Band 49 Sevgi Dereli: Anrede im Deutschen und im Türkischen. Eine funktional-pragmatische Analyse institutioneller Beratungsdiskurse. 2007.

Band 50 Kristian Naglo: Rollen von Sprache in Identitätsbildungsprozessen multilingualer Gesellschaften in Europa. Eine vergleichende Betrachtung Luxemburgs, Südtirols und des Baskenlands. 2007.

Band 51 Peter Nowak: Eine Systematik der Arzt-Patienten-Interaktion. Systemtheoretische Grundlagen, qualitative Synthesemethodik und diskursanalytische Ergebnisse zum sprachlichen Handeln von Ärztinnen und Ärzten. 2010.

Band 52 Beatrix Weber: Sprachlicher Ausbau. Konzeptionelle Studien zur spätmittelenglischen Schriftsprache. 2010.

Band 53 Bernhard Engelen: Schwierige sprachliche Strukturen. Aufsätze zur deutschen Grammatik. 2010.

Band 54 Göran Wolf: Englische Grammatikschreibung 1600 - 1900 – der Wandel einer Diskurstradition. 2011.

Band 55 Doris Höhmann: Lexikalische Konfigurationen. Korpusgestützte Mikrostudien zur Sprachlichkeit im deutschen und italienischen Verwaltungsrecht. 2011.

Band 56 Nora Rüsch: Platzierung und Lokalisierung von Objekten im Raum. Zur Versprachlichung im Zweitsprachenerwerb des Deutschen. 2012.

Band 57 Dorothee Heller: Wissenschaftskommunikation im Vergleich: Fallstudien zum Sprachenpaar Deutsch-Italienisch. 2012.

www.peterlang.de